Gartenkonstruktionen aus Holz zum Selbst – bauen.
Inklusive Holz und Werkzeugkunde

Vorwort:

Ich bin Zimmerer, Dozent und Schriftsteller in diesem Buch lernen sie etwas über das Material Holz und die Werkzeuge die man zu Hause hat, wenn man Heimhandwerkerarbeiten macht, weil man Spaß daran hat etwas selbst zu bauen.
Natürlich kann dieses Buch auch die Liebe zum Holzhandwerk wecken.
Unter dem Motto: „Machen Sie Ihren Garten zum persönlichen Paradies, ich wünsche ich Ihnen viel Spaß."
Empfehlung: Lesen sie das Buch bis zu den ersten Bauprojekten wählen Sie aus den Anleitungen ihr nächstes Projekt und lesen sie sich dieses durch. Lesen Sie dann das Kapitel Projektplanung. Dann starten Sie nach diesen beiden Anleitungen Ihr Projekt und stöbern Sie dann in den anderen Anleitungen tiefer, wenn Sie Zeit haben oder ein neues in Angriff nehmen wollen.
Bei den Tierbehausungen handelt es sich um Garten Tiere außer beim Katzenbaum und dem Vogelkäfig.
Hinweis: Rechtshänder befestigen die Türscharniere links und arbeiten mit der rechten Hand im Stall.
Linkshänder befestigen die Scharniere rechts (Türen, Fenster... gehen nach rechts auf) und man kann dann leichter mit der linken Hand im Stall arbeiten.
So haben sie die Tür, das Fenster.... nicht auf der Seite mit welchem Arm oder welcher Hand sie in den Stall hineingreifen wollen.

1. <u>Baustoffkunde Holz</u>

Beim Holz gibt es zwei große Unterscheidungen. Nadelholz und Laubholz sowie Hartholz und weiches Holz. Die letzten beiden Sorten gibt es sowohl im Nadel- sowie im Laubholz.
Harthölzer sind meistens etwas teurer in der Anschaffung, jedoch sind sie nicht so anfällig gegen Witterungseinflüsse und/oder Schädlingen oder Pilzbefall.
Wenn Sie es nicht aus ästhetischen Gründen wünschen, sollte man die Rinde bzw. Borke entfernen, denn hierzwischen tummeln sich die meisten Insekten oder Holzpilze.
Ein Tipp trennen sie die Borke vorsichtig ab, lackieren sie die Fläche nach dem sie sie kräftig abgerieben haben. Bürsten sie die Borke ab und tauchen diese in Lack ca. 5 Minuten, damit der Lack überall hinfließt und versiegelt. Kleben sie dann, nach dem Trocknen, die Borke wieder zurück auf das Holz. Drücken Sie die Borke fest an, damit jeder Spalt geschlossen ist. Gehen Sie dann mit dem Lackpinsel noch einmal über die Anschlussstellen zwischen Borke und Holz. So haben sie die Ästhetik gewahrt und trotzdem alles geschützt.
Das meiste Holz zum Bau für die hier erwähnten Anleitungen wird aus der Kiefer und Fichte genutzt. Dieses Holz ist sehr leicht im Gewicht und in der Bearbeitung. Es ist helles Holz und kann daher leicht mit allen Farben angestrichen werden.
Nussbaum hingegen ist ein teures Hartholz, welches eine stärkere dunklere Tönung hat.

Sie können sich also auch der Tönung wegen für andere Hölzer entscheiden.
Harthölzer sind schwerer als die weichen Hölzer.
Sie können also eine Gartenbank aus Mahagoniholz bauen oder aus Kiefernholz,
wenn sie diese mit mahagonifarbenen Lack anstreichen, wird man es bei gutem
Anstrich nur am Gewicht merken.
Natürlich ist Hartholz schwerer zu bearbeiten. So ist Birke fast schon mit dem
Fingernagel einkerbbar, aber dafür ungeeignet als Holz für Tische oder gar den
Pavillonboden.

2. <u>Witterungsschutzmittel</u>

Es gibt verschiedene Lacke und Beizen. Wählen sie die wasserfesten Mittel für
Gartenbauten. Aber Achtung verwenden sie keine Schutzmittel im „Innenraum" von
Tierbauten besonders nicht für den Boden. Vögel kratzen und picken auf dem Boden
und Katzen, Hamster und Hunde, Kaninchen kratzen auf dem Boden. Keines dieser
Mittel ist geeignet sich in den Mägen... der Tiere wieder zu finden.
Betrachten sie die Tiere wie ihren Säugling, welcher alles in den Mund nehmen muss
und vielleicht mal darauf beißt.
Beizen und Farben sind in der Regel nicht feuerfest derweil es bei trockenen Lacken
schon möglich ist. (auf das Etikett achten).
Verzinkte Nägel sind auch nicht für Tierbauten zu empfehlen.
Das Teeren von Hunde-... Dächern ist hochgefährlich für Tierbauten. Der Teer
(Bitumenanstrich) wird in der Sonnenhitze Weich und verklebt die Haut/Federn/Fell
der Tiere. Diese bekommen dann Bewegungsschwierigkeiten und Atemnot. Sie
müssen dann von Tierärzten betreut werden.
Austauschteile auf der Außenseite erst behandeln, trocknen lassen und dann das Teil
ersetzen.

3. <u>Werkzeugkunde und Pflege</u>

Sägeblatt für Holzsägen (Fuchsschwanz und / oder Bügelsäge)
Die Zahnung unterscheidet sich von der der Eisensäge, ausgenommen bei der
Laubsäge. Diese Zahnung ist leichter von einer eventuellen Verharzung zu reinigen.

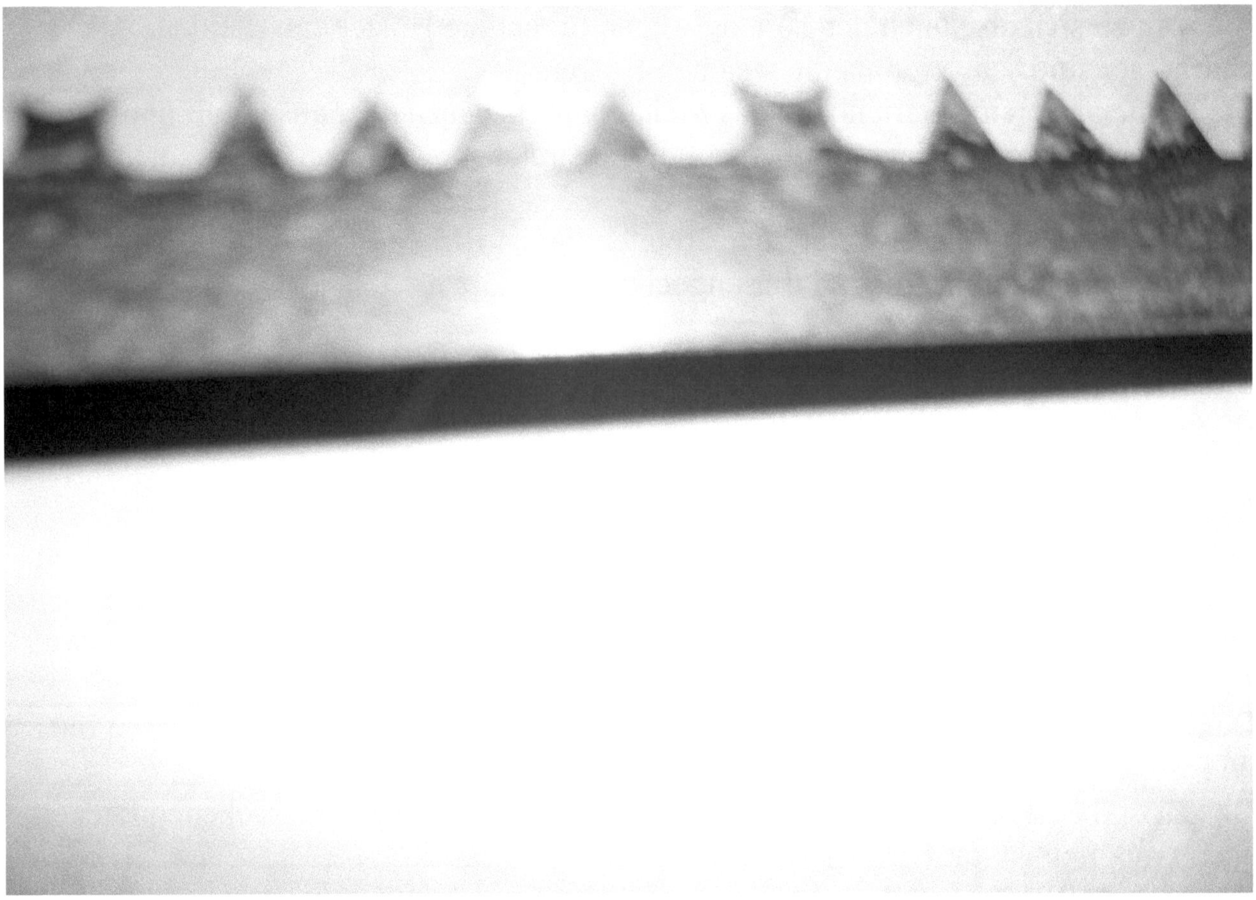

Stemmeisen oder Stechbeitel, Hobel und Ziehmesser

Hiermit werden Oberflächen geglättet und/oder ausgearbeitet. Ein Ziehmesser wird zum Borke entfernen (Abschälen) benutzt. Beim Hobeln, Schälen oder Stemmen geht man immer mit dem Strich wie bei Rasieren. Also mit der Maserung, sonst reißt man das Holz auf anstelle kleiner Späne abzutragen. Das Holz kann empfindlicher reagieren wie ein Kinn.

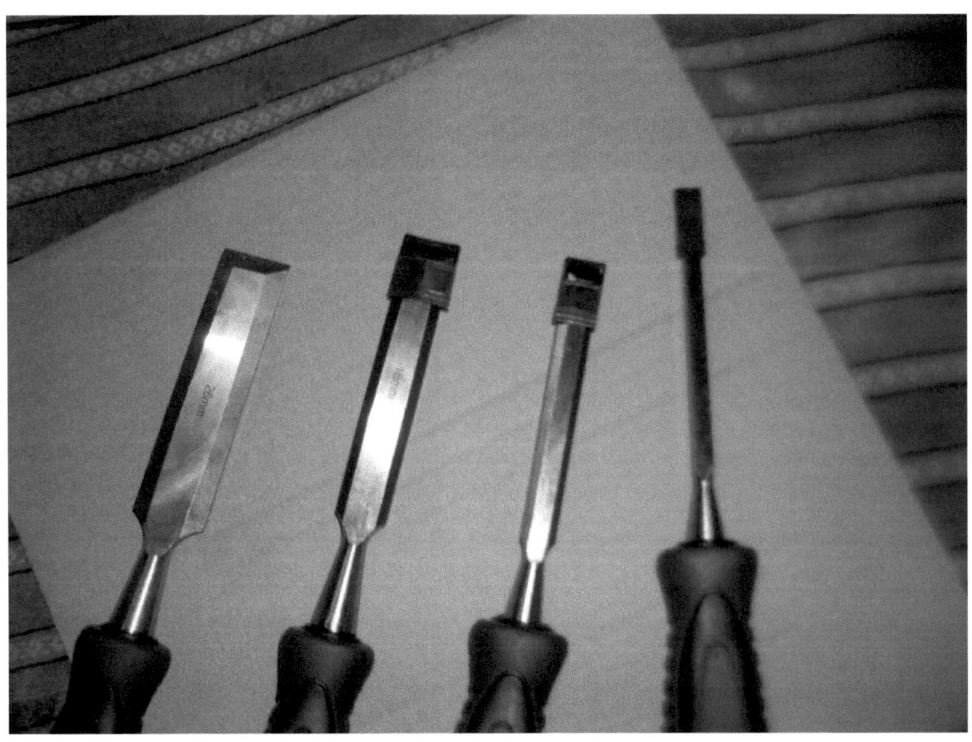

Gummihammer/Holzhammer und Zimmermannshammer

Gummihammer oder Holzhammer (im Folgenden nur noch als Gummihammer erwähnt), benutzt man für die Arbeit mit Stemmeisen, um diese nicht zu beschädigen oder fügt zum Beispiel eine Schwalbenschwanzverbindung zusammen, um die Oberfläche des Holzes nicht zu beschädigen.

Der Zimmermannshammer ist für Nägel Klammern und Bolzen einschlagen geeignet. Ist der Nagel fehl gegangen kann man ihn mit dem dafür vorgesehen Kuhfuß am Hammer wieder entfernen. Die Verlängerte Kralle/Spitze des Hammers dient dazu unter Klammern, umgebogenen Nägeln oder Ähnliches zu stechen und diese anzuheben, bis man sie mit dem gesamten Kuhfuß entfernen kann. Der Kraftaufwand ist bei Hartholz je nach Härte um einiges größer. Dasselbe gilt bei Hobel bzw. ausstemmen, ausstechen.

Hinweis die Arbeit mit Hammer, ist eine Arbeit, die auch das Handgelenk sehr beansprucht. Wenn sie dies nicht gewöhnt, kann es zu Gelenkschmerzen führen, die ein Pause empfehlen.

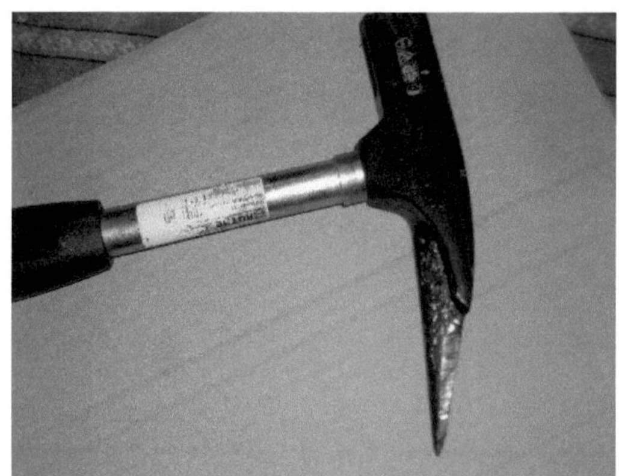

Winkeleisen, Bandmaß und Lot, Bleistift, Reißnagel, Wasserwaage

Winkeleisen dienen dazu, um etwas in den rechten Winkel zu bringen. Mit dem Satz des Pythagoras überprüft man, ob dieses Messgerät nicht in irgendeiner Weise verzogen, verbogen ist. Markieren sie hierzu an der Kurzen Seite bei 3 cm, bei der langen Seite 4 cm an den Außenkanten. Wenn sie mit einem Bandmaß die beiden Punkte verbinden und erhalten 5 cm, so ist der Winkelmesser noch in Ordnung. Bandmaße egal ob aus Metall oder Textil, sind ungenau, wenn sie Falten oder Kerben haben. Beim Lot sollte die Schnur keinen Knoten haben, sondern sich vom Gewicht des Lotkörpers vollständig straffen.
Zimmermannsbleistifte werden mit dem Messer oder Stechbeitel angespitzt, da ein Holzarbeiter kein extra Anspitzer mit sich trägt. Für Holz werden Reißnägel selten bis gar nicht benutzt, um die Struktur des Holzes nicht zu beschädigen. Bei Hartholz kommt es schon mal vor das ein Nagel als Reißnagel zum Markieren oder Anzeichnen ähnlich wie ein Bleistift benutzt wird.

Wasserwaagen werden benutzt, um zu sehen das man richtig waagerecht ist oder wie ein Lot um zu prüfen das man richtig senkrecht ist.

Wie prüft oder richtet man eine Wasserwaage?

Legen sie die Wasserwaage an eine Tischkante, als würden sie prüfen, ob der Tisch Waagerecht steht (ungeachtet ob dies der Fall ist oder nicht). Ist die Blase genau zwischen den beiden Linien (ist der Tisch eventuell waagerecht stehend. Drehen sie nun die Waage um 180 Grad an derselben Tischkante verbleibend. Befindet die Blase wieder in der Mitte der beiden Linien bedeutet es das die Waage in Ordnung steht und der Tisch auch waagerecht steht.

Wenn die Blase zur Hälfte über die Linie steht und nach dem Drehen die Waage wieder zur Hälfte (in dem gleichen Maße wie zuvor über die Linie zur selben Seite Rechts oder Links steht wie vor dem Drehen. Dann ist die Waage in Ordnung aber der Tisch steht nicht waagerecht, sondern liegt tiefer zur Seite, wo die Blase über die Linie gezogen war. Andernfalls muss die Waage gerichtet werden. Um das Lot bei der Waage zu prüfen, verfahren sie wie bei dem Tisch nur legen sie die Waage senkrecht an eine Zimmerecke an dem Lotmesser (die Wasserblase, die sich Flachen Seite der Waage befindet), kontrollieren sie wieder den Stand der Blase zwischen den beiden Linien befindet wie bei der Waagerechtsprüfung. Bei den meisten Wasserwaagen ist der Lotmesser nicht korrigierbar da das Teil eingeklebt ist.

Um mit einer Wasserwaage die Senkrechtsprüfung an unebenen Wänden zu prüfen, nehmen Sie ein nicht gebogenes Küchenbrett und halten es gegen die Wand und legen sie dann die Wasserwaage an das Brett.

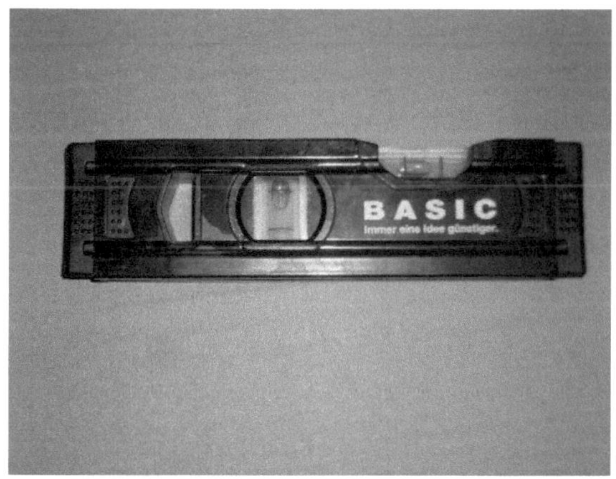

Wasserwaage

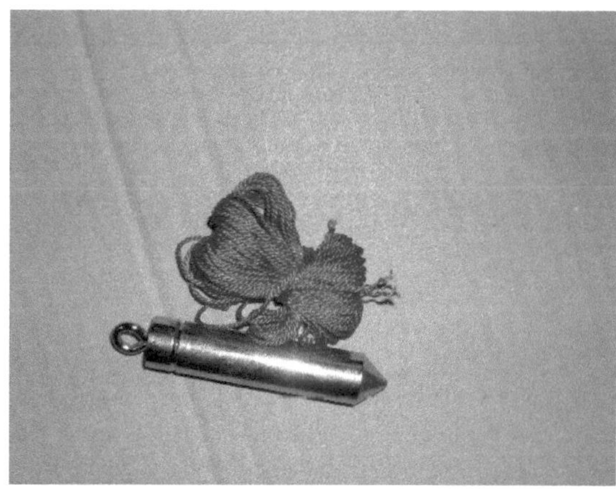

Lotkörper mit Schnur

Pinsel

Breite Pinsel sind für überwiegend glatte Flächen ohne Fugen oder Ähnliches. Runde
Pinsel sind für Fugen. Innenkanten oder Ähnliches. Dies ist damit Borsten vom
flachen Pinsel sich nicht in die Fugen einbiegen und sich dadurch ausfransen.
Für die Reinigung ist es Wichtig auf das Etikett zu achten. Da die meisten
Anstrichmittel hierin Wasserfest sein sollen ist Wasser zum Auswachsen ungeeignet
und es müssen Verdünner benutzt werden.

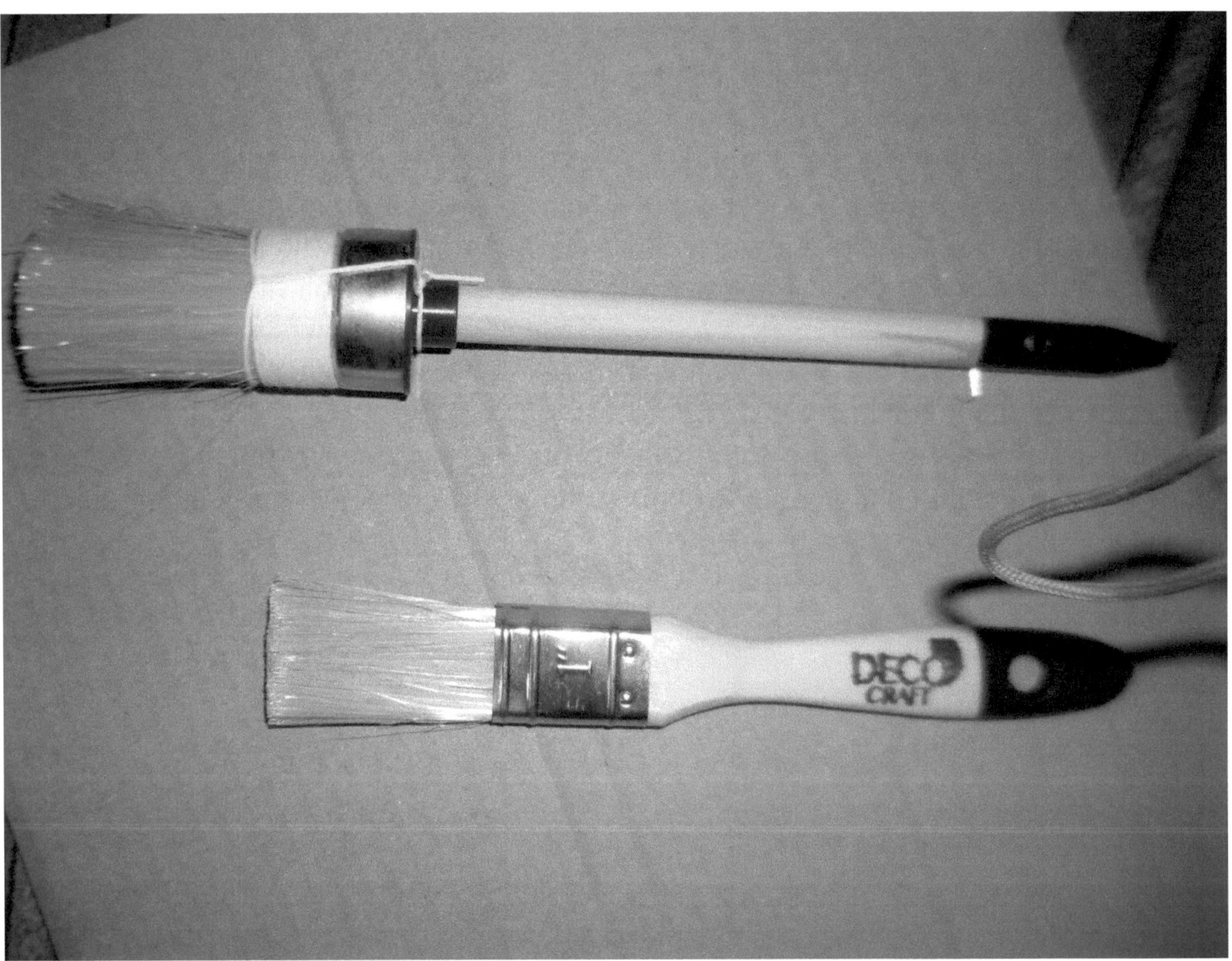

Holzbohrer

Bohrer unterscheiden sich in der Härtung, Spitze und Messerart, die am Bohrerkern
entlanglaufen. Zusätzlich sehen sie hier Bohrer die für Bohrungen größerer
Durchmesser gedacht sind. Die Zahnung bzw. Messerkante kann ebenfalls, wie bei
Holzsägen nachgeschärft werden mittels einer Messer- oder Schwertpfeile.

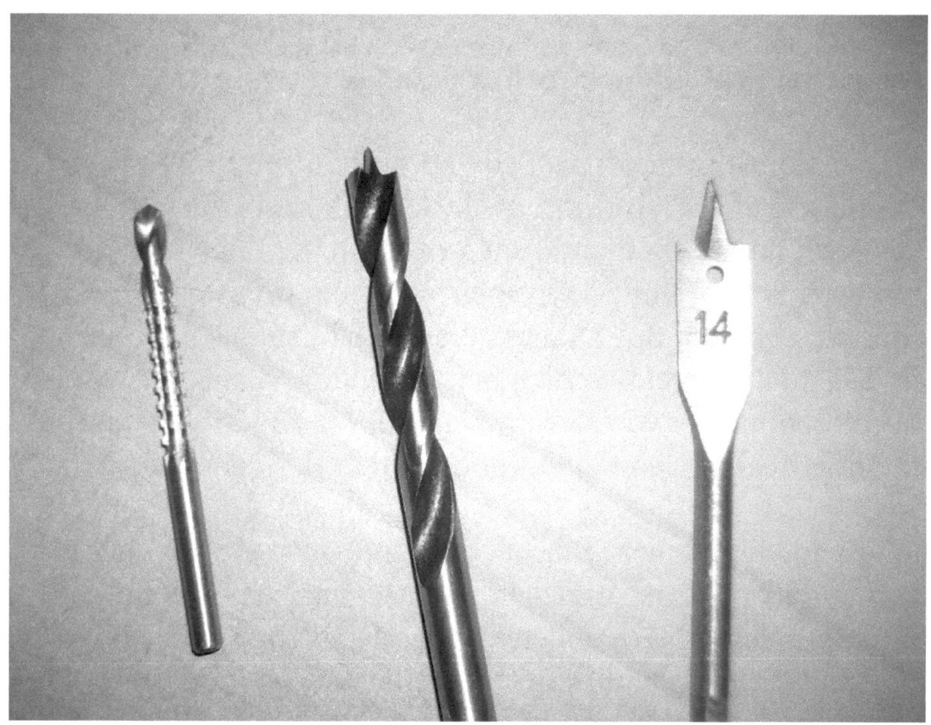

Von links nach rechts Holzraspel, Holzbohrer (deutlich sichtbar die vorstehende einzelne Spitze), Holzlochbohrer (hier für 14mm Lochdurchmesser)

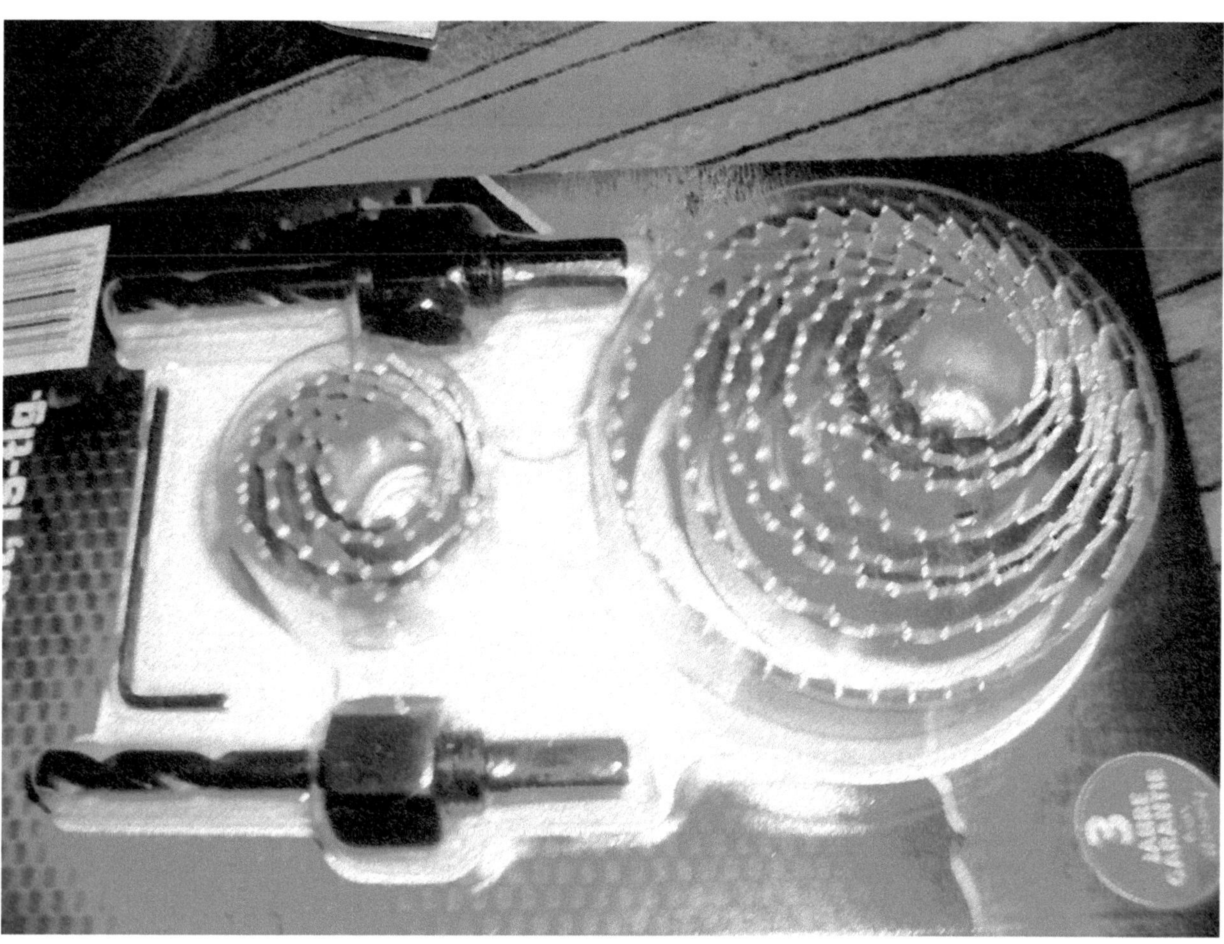

Lochkreissägen für die Bohrmaschine

Schwert- und/oder Messerfeile, Schleifblock, Schränkzange

Eine Schwertpfeile ist wie ein doppelschneidiges Schwert geformt im Profil wohingegen die Messerpfeile wie ein Messer im Profil. Beide dienen zum Nachschärfen von Sägeblättern, ihre Form dient dazu, um bis in die Zahntäler zu gelangen. Geschärft wird nur in Schubrichtig von einem Weg und **nicht** wieder zurück. Weil man sonst die Messerkante des Zahnes zerstört. Ist man also mit einer Zahnseite fertig muss das Sägeblatt gedreht werden und die andere Zahnseite wird geschärft. Stemmeisen und Hobelmesser werden am Schleifklotz abgezogen, und zwar nur die schräge Seite der Messer. Den Schleifblock vorher in Wasser tauchen, dies erhöht die Lebensdauer.
Danach die Sägeblätter und Feilen mit einem Pinsel Öl abstreichen. Messer kurz in Wasser tauchen und mit Öl abreiben. Beim Abziehen von Messern, das Messer am Schleifklotz von Innen (stumpfe Seite) Nach außen abziehen und zur Spitze und nicht zurück. Stemmeisen, Hobelmesser, Äxte und Beile ebenfalls nur von Innen nach Außen schleifen und **nicht** zurück. Scheren mit dem Stein an der Schereninnenseite zur Spitze hin abziehen, **nicht** zurück. Es kann nach einigen Schärfungen notwendig sein die Scherenschraube nachzuziehen. Messer und Scheren auch mindestens durch Abspülen von Spänen befreien, auch wenn man keine sieht. Benutzen sie KEIN Schleifpapier, dieses reißt meist ein und sie dringen in den Tisch oder andere Unterlagen ein.

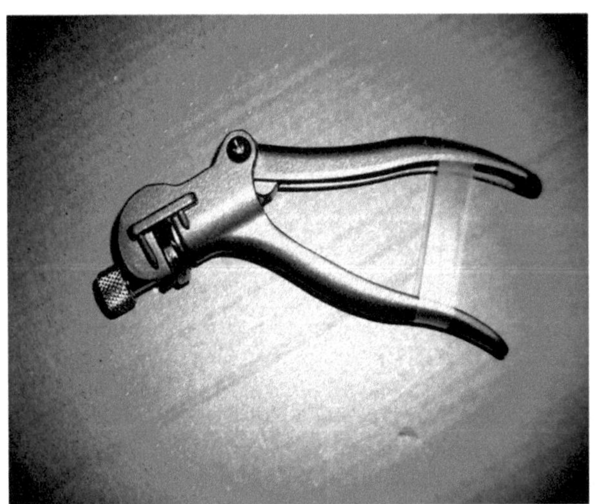

Schränkzange

Messerfeile

Messerfeile im Profil

Schnur:
Mit der Schnur werden Flächen in Wickel gemessen/markiert unter Bezugnahme des
Satz des Pythagoras eine Anleitung dazu finden sie zum Beispiel in meinem Buch
„Home Terra Preta – Hausmacher Schwarzerde"

4.) <u>Werde eins mit dem Holz</u>

Lerne das Holz kennen, mit dem du Arbeiten willst.
Holz ist ein lebender Stoff. Selbst wenn der Baum längst gefällt ist, jedes Brett lebt
für sich weiter. Viele Wurzellose Pflanzenteile können von sich aus bei bestimmten
Bedingungen wieder neue Wurzeln bilden, ganz nebenher erwähnt.
Es gibt zwei verschiedene Arten von Holz/Bäumen. Dies sind Hart- und Weichhölzer
sowie Laub- und Nadelhölzer.
Ob ein Holz Weich oder Hart ist, richtet sich nicht danach, ob es ein Nadel- oder
Laubbaum ist. Die Birke oder die Kiefer zählt zum Beispiel zu den Weichhölzern, die
Birke ist ein Laubbaum und die Kiefer ein Nadelbaum.
Nadelbäume sondern schneller Harz ab. Zwar ist Harz, die Wundsalbe der Bäume,
auch ein interessanter Rohstoff, jedoch an Holzwerkzeugen äußerst unbeliebt.
Dennoch wird die sehr stark harzende Kiefer häufig als Bauholz verwendet.
Die Holzhärte bestimmt wie viel Kraftaufwand beim Bearbeiten gebraucht wird und
den Abnutzungsgrad bei den Schneidwerkzeugen. Aber auch den Widerstand gegen
Schimmelpilze und Insektenbefall.
Edelhölzer sind Hölzer, die eine besondere Maserung haben.
Zum Beispiel: Schwarznuss oder Mahagoni

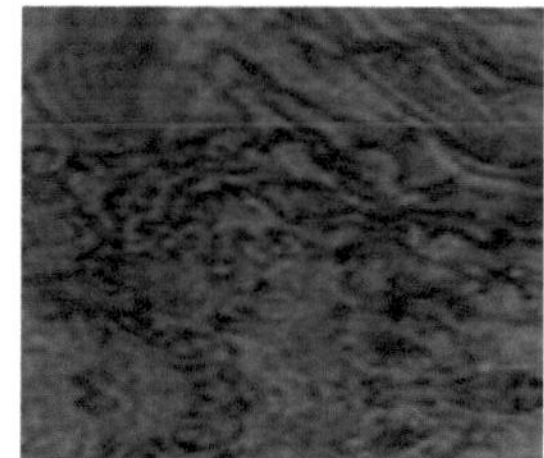  

Schwarznussholz   Mahagoniholz   Mahagoni mit Hochglanzlack

Solche Hölzer benutzt man nicht für Tierställe. Höchstens als Sitzbank und Tisch im
Pavillon, wenn man sich etwas leisten will. Denn diese Hölzer sind nicht nur Edel,
sondern haben auch einen höheren Preis.
Astnarben können dem ganzen Vorhaben ein interessantes Aussehen verleihen, sind
aber von Sägeblättern und Stemmeisen weniger gemocht da sie härter sind als das
restliche Holz. Es empfiehlt sich gegen Astlöcher nicht zu schlagen, sondern diese
Messerartig zu schneiden, dies dauert natürlich etwas länger. Wählen sie die Bretter,
Leisten... am besten so aus, dass sie keine Astnarben haben an Stellen, bei denen sie
noch Feinarbeiten vornehmen wollen.
Harztaschen, (Stellen, die mit festem Harz gefüllt sind), können, wenn sie fest sind
herausbrechen oder fallen und es bleibt eine Kuhle, wenn sie noch nicht fest sind
kann Harz an den Bearbeitungswerkzeugen kleben bleiben. Ist eine Harzfüllung

herausgefallen, kann man die Stelle mit Holzleim, Holzkitt oder Lack auffüllen.
Holzarbeiten können unter die Haut gehen (Splitter). Ein richtiger Heimhandwerker
oder auch professioneller Holzarbeiter hat eine Pinzette in der Hausapotheke oder
Sanitätsschrank, um Holzsplitter wieder aus der Haut zu ziehen.
Um Holz richtig zu bearbeiten, muss man schauen, wie es gewachsen ist. Hobelt man
gegen die Maserung reißt man das Holz auf. Genauso ist es beim Stemmen.
An dem Foto des lackierten Mahagoniholzes ist die Maserung am besten zuerkennen.
Man hobelt immer in Richtung „Zungenspitze". Hobel oder Stämmen sie entgegen
reißen sie genau diese „Zunge" auf. Gehen sie sanft mit dem Holz um. Je mehr sie
das Messer hineintreiben, um zu stemmen oder zu hobeln, umso größer ist die
Aufreißgefahr. Fahren sie sanft über das Holz und fühlen sie die Maserungsverläufe.
Wenn sie das Gefühl haben ihre Hand würde eine „Treppe" aufsteigen und nicht ab,
streichen sie gegen die Maserung. Äste wachsen immer nach oben, mit der Maserung.

5) <u>Holzfachwerkverbindungsarten</u>

Fachwerkverbindungen gehören zu den ältesten Verbindungen der Baugeschichte
neben das Umwickeln mittels Taue oder Ähnliches. Sie sollen das wegrutschen durch
Zug, Druck oder anderen Bewegungen verhindern und die Stabilität der Verbindung
gewährleisten und sie bestanden ursprünglich nur aus Holz selbst.
Holz wird dadurch der Länge nach verbunden, als Eck- oder Querverbindung genutzt.

Heute werden Holzverbindung mittels Leims und/oder Nägeln zusätzlich gesichert.
Es gibt auch Stahlschablonen und anderes die in der Ingenieurstechnik dazukommen,
aber in diesem Buch gehe ich nicht näher darauf ein.

Die Blattstoßverbindung ist die simpelste Verbindung welche sowohl als
Verlängerung oder auch über Eck verwendet werden kann. Sie widersteht
Druckkräfte die Zentral der Länge nach auf beiden Hölzern wirken, andere jedoch
nicht.

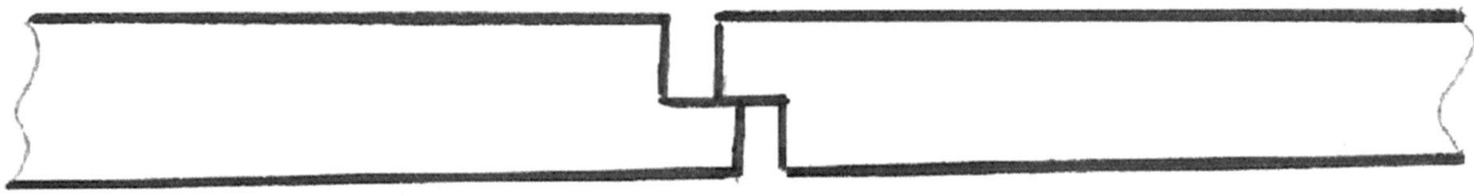

Schwalbenschwanzverbindung ist eine Verbindung, die Zug und Druck gesichert ist.

Zur Seite kann sie sich jedoch auflösen.

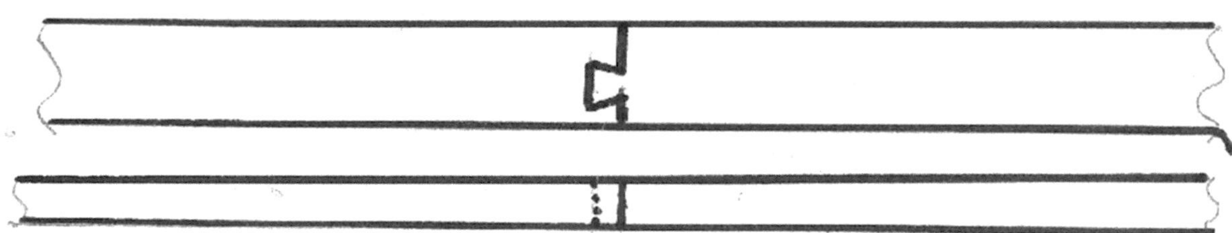

Durch die Kombination aus Schwalbenschwanz und Blattstoßverbindung kann das sich zu Seite auflösen in eine Richtung verhindert werden.

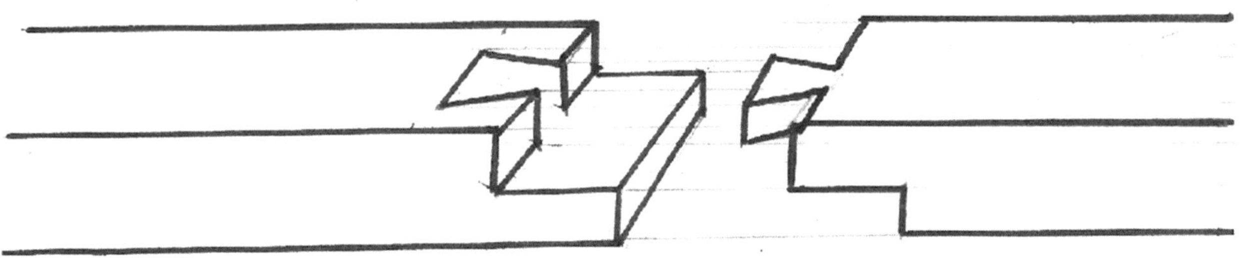

(Schwalbenschwanz-Blattverbindung)

Zapfenverbindung: statt den Schwalbenschwanz, kann ich natürlich auch einen geraden Zapfen machen. Den Zapfen oder Schwalbenschwanz auf einem, zum Beispiel Balken, der Länge nach aufzuarbeiten, gibt mir auch die Möglichkeit diesen als Führungsschiene zu nutzen.

Eine **Zapfenblattverbindung** ist wie die Schwalbenschwanzblattverbindung

Versteckter Zapfen ist gegen das Abrutschen von aufeinanderliegenden oder stehen Hölzern geeignet.

Eine **Zapfen-(Verbindung)** die in das andere Holz hineingesteckt wird.

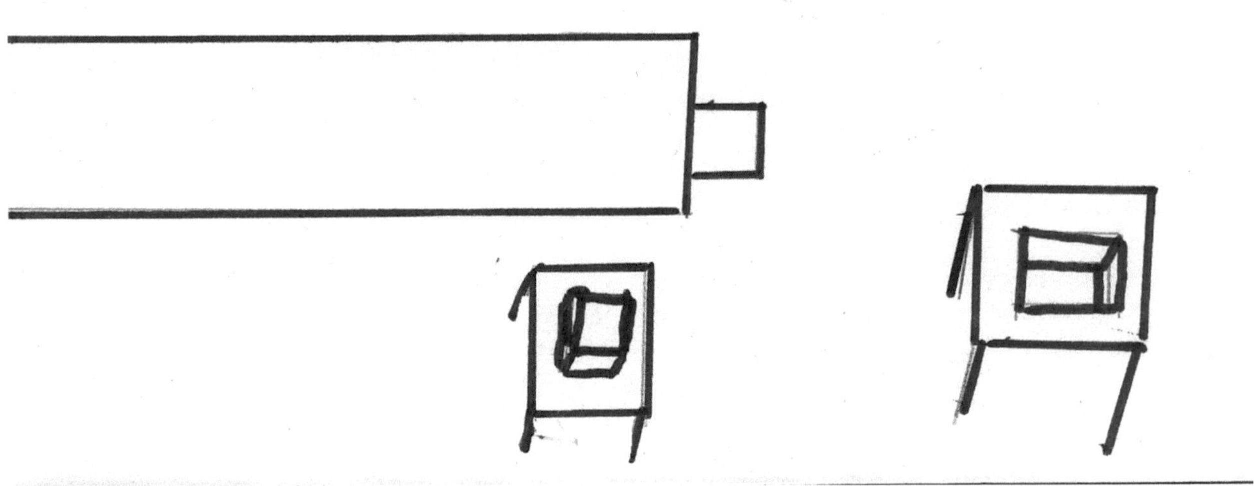

Eine „**schräges Hakenblattverbindung**" wird meist gegen das Auseinanderdriften von zwei Teilen verwendet. Verwendet man also gegen Druckkräfte.

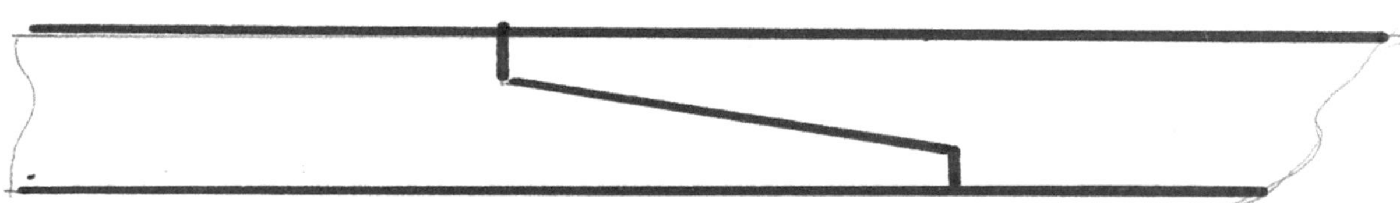

Verborgenes Hakenblatt: „Guck mal ich kann zaubern, es ist nicht geklebt oder genagelt und rutscht trotzdem nicht runter."

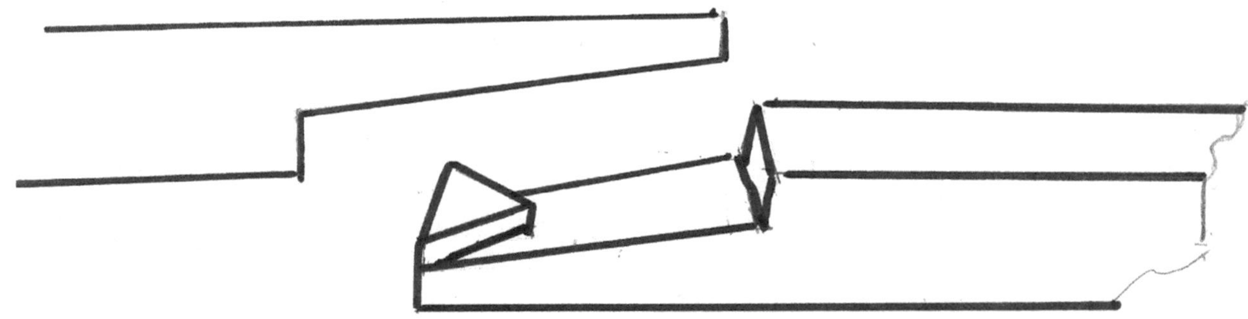

Druckblattverbindung:

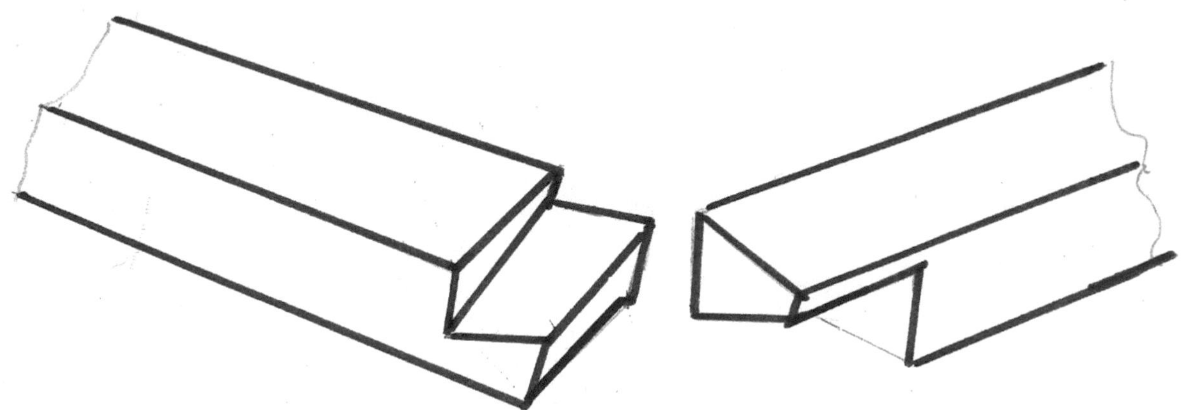

Kreuzkammverbindungen:

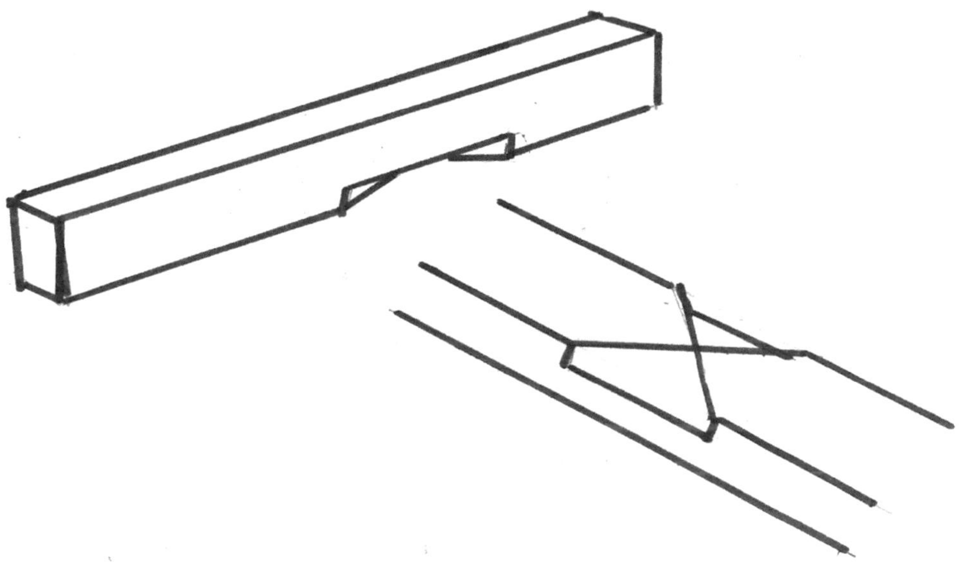

Kerve:

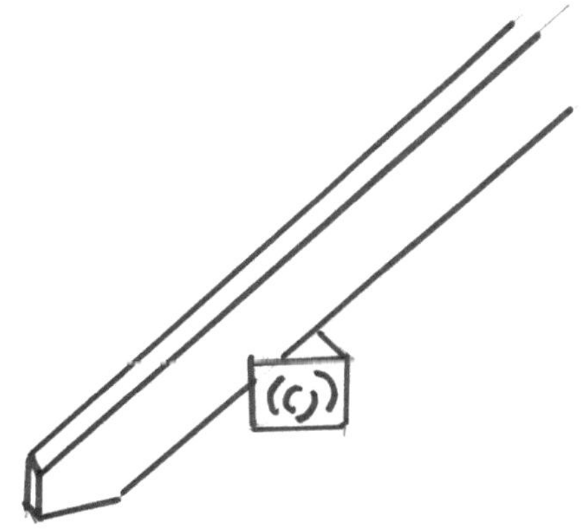

Verzinkung:

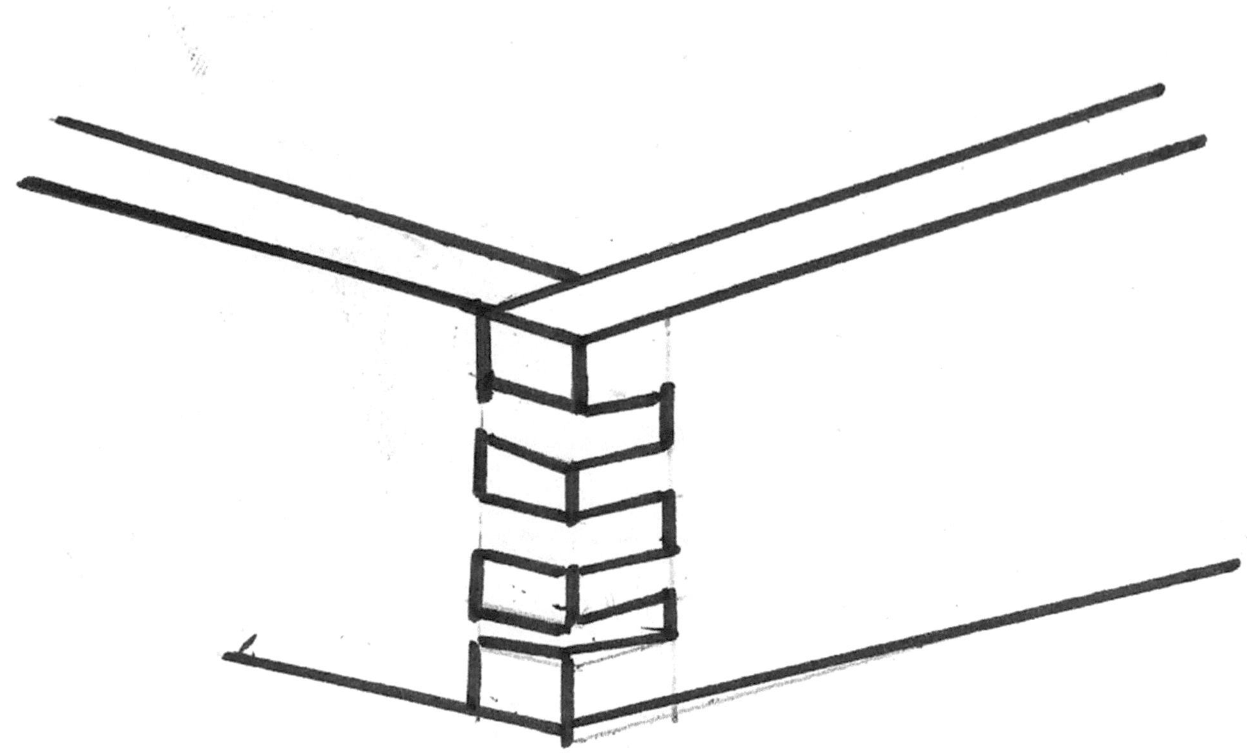

Reihenmehrfachverbindung: für solch eine Verbindung kann man eine Verzinkung
nehmen oder auch in einer Reihe an einer Kante in abständen aufgereihte
Schwalbenschwanzverbindungen nehmen oder Schwalbenschwanz-... -
Blattverbindung.
Zum Beispiel für Boden oder Dachverlängerungen bzw. als Verbindung einer
Terrasse/Veranda mit dem Haupthausdach und -Boden. Es verhindert (in diesem
Beispiel) das Abdriften durch Wind, Sandverdichtungen... der Terrasse/Veranda vom
Haupthaus. Bei der Bodenverbindung würde das Blatt nach Unten kommen und beim
Dach umgekehrt.

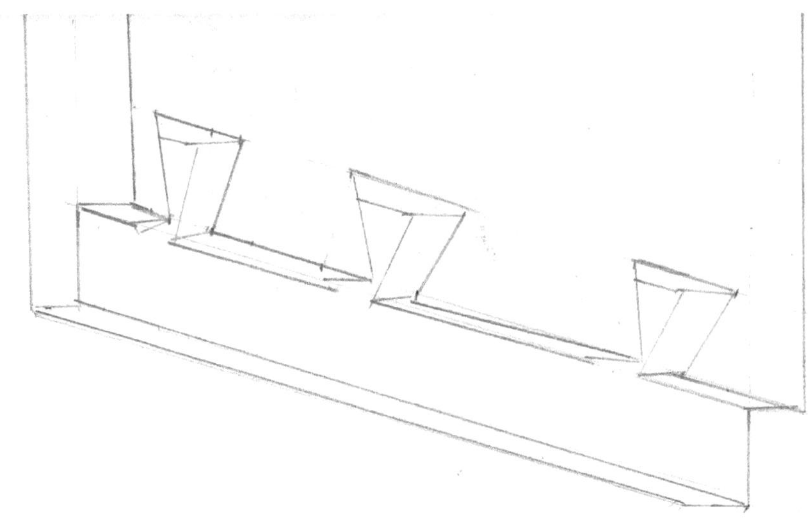

Bei jeder Verbindung sollte darauf geachtet werden, dass das Holz dem Druck oder Zug auch gewachsen ist. Bei einer Verbindung von Hart- mit einem Weichholz ist das Weichholz immer die erste Schwachstelle.

Wenn sie nageln oder schrauben sollten sie bei Kräfteeinwirkungen immer gegen diese Kräfte nageln oder schrauben. Damit verhindern sie das Ausheben der Nägel und Schrauben. (Das weiche Holz an das härtere befestigen.)

Schwalbenschwanzvernagelung und Kreuznagelung

Versetzte Reihe: hier handelt es sich um Nägel, die in einer Zick – Zack - Linie genagelt werden, jedoch nicht in einer Maserungslinie. Dies wird gemacht damit sich das Holz nicht entlang den Nägeln aufspaltet. (zum Beispiel Tapeten oder Zierleisten)

Versetzte Nagelpostition für Leistenvernagelung

Flächennagelung: Die Nägel werden in versetzter Linie genagelt, unabhängig ob sie in Schwalbenschwanz,- Kreuz- oder gerader Richtung eingeschlagen werden.

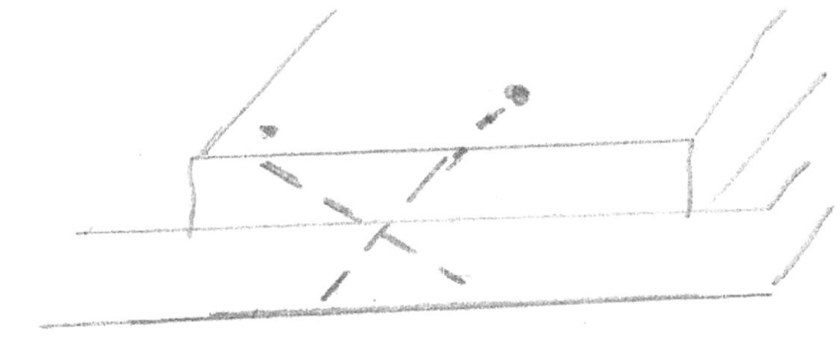

Kreuzvernagelung

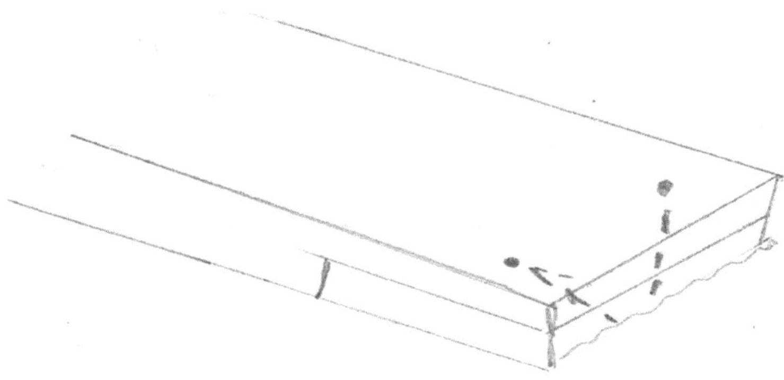

Schwalbenschwanzvernagelung

Hinweis: Alle Außenbretter für Tierbehausungen sollten innen und an dem Längsprofil glatt sein, nicht bestrichen oder mit Schutzmittel getränkt. Sowie keine herausstehenden Nägel haben.

6.) Einen Hühnerstall für bis zu 6 Hühner und einen Hahn

Vorab: Natürlich kann man die Ställe, die hier in Anleitung sind, auch für mehr Tiere bauen, die Größen entsprechen den Platzvorgaben in Deutschland (Stand: Januar 2023). Natürlich kann man jeden Stall auch größer bauen mit der Begründung, dass so die Tiere mehr Platz haben. Je nach Klimalage heizen aber die Tiere mit ihrer eigenen Körperwärme den Innenraum auf. Mehr Innenraum bedeutet hier also auch mehr Energieverlust. Da Tiere sich genauso über Vitamine D (Sonnenlicht) freuen. Sollte man die Ställe nicht künstlich beheizen im Winter, wenn sie Freiland leben dürfen, sonst brauchen sie genauso „Mäntel" wie der Mensch oder so manch ein Hund.
Bei den Ställen im Baurecht wird von mobilen Ställen und nicht mobilen Ställen gesprochen. Hierbei geht es nicht darum, ob man Räder darunter hat, sondern ob diese Transportabel sind und nicht fest im Boden verankert sind. Transportable Ställe bedürfen keiner Baugenehmigung.
In einem Wohngebiet können bis zu 18 Hühner gehalten werden. Pro 3 Tiere wird ein Platzbedarf von 1m² gerechnet. In meinem Model befindet sich die Tränke und der Futtertrog im Freigehege. Der Hühnerstall hat einen eingebauten Boden. Dies verhindert das sich der Fuchs als Nachtjäger, sich in den Stall einen Tunnel hinein graben kann. Das Nest und der Wetzstein sollten im Stall sein, da sich das Huhn zum Legen und / oder Brühten zurückziehen will und der Wetzstein sich bei Regen von selbst auflöst. Der Stall ist also 1x 2 Meter groß. (Freilauf nicht mitgerechnet)
Hähne fliegen gern irgendwo rauf, um von dort aus ihr Reich auszurufen. Das kann vom Stalldach sein oder einem Pfosten, der im Freilauf fest steht.

Material Holz Stall:

- Eine Platte 2 Meter x 1 Meter (Bodenplatte)
- 15 Bretter 2 Meter Länge 10 cm Breite
- 20 Bretter 0,95 Meter Länge 10 cm Breite
- 8 Bretter 0,8 Meter Länge 10 cm Breite
- 1 Brett oder Platte 1 Meter Länge 40 cm Breite + 10x 40cm Dachlatten
- 1x 40x40cm Platte oder (6x, 10x40 cm Bretter) als Tür
- 7 Dachlatten 1 Meter Länge
- 6 Dachlatten 10 cm Länge

Außerdem brauchen sie:

- 7 Scharniere
- 7 kleine Winkel (sie dienen dazu die Wände auf der Bodenplatte zu befestigen damit sie nicht hin und her rutschen)
- 2 Vorhängeschlossscharniere und 2 Bolzen oder Dorne (Dient als Türverriegelung
- >276Stk. Nägel 4 cm
- 42 Holzschrauben 4 cm
- Kükenmaschendraht 6 Meter lang 15 cm breit (Wenn sie Küken haben wollen, sonst reicht Kaninchenmaschendraht, gegen Eierdiebe...)
  - Kükenmaschendraht 1 x 2 Meter und
  - Kükenmaschendraht 2 Meter x 1 Meter aus den 6m schneiden
- Eine Dachplatte: Wellplastik (lässt sich am besten Reinigen vom Hühnerkot)

- Klammern oder klammerförmige Nägel, um den Maschendraht fest zu klammern

Nest:
2 Bretter 30 cm lang und 10 cm breit
2 Bretter 25 cm lang und 10cm breit
1 Platte 30cm²
20 kleine Nägel

Hühnerstange
1,50 Meter langes Rundholz (Holzpfosten um die 5 cm Durchmesser)
6 Dachlatten a 20cm Länge + 2x 90cm
13 Schrauben 6 cm

Die Brettstärke beträgt bei allen Bretter 2,5 cm

Werkzeuge: Hammer, Handsäge, Schraubendreher, Klammeraffe (aus dem Werkzeugladen nicht Büroladen.)

Grundregel: Dünneres Material wird immer auf stärkerem Material aufgenagelt oder geschraubt. Schlagen Sie Nagelspitzen auf der anderen Seite um.

Dachlatten bitte im Durchschnitt 4cm x 3cm wählen

Schritt 1
Schrauben Sie die Bodenplatte auf die 6 (10 cm) Dachlattenstücke auf. Stellen sie dabei die Stücke aufrecht. 2 Schrauben pro Dachlattenstück. (Dies sind die Füße des Stalls).

Schritt 2
Legen Sie 2 Dachlattenstücke von einem Meter im Abstand von 2 Meter und nageln Sie die 2 Meter langen Bretter darauf. So dass Sie eine 2 x 1 Meter Bretterwand haben. Legen Sie mittig eine Weitere Dachlatte von einem Meter darunter und nageln Sie die Bretter auf diese Latte fest. 3Nägel pro Brett und Lattenpunkt sind hierbei berechnet. 1 Nagel Senkrecht und die beiden äußeren als Schwalbenschwanznagelung.

Schritt 3
Nageln Sie 9 Bretter von 0,95 m ebenfalls auf einer 1m Dachlatte und 9 weitere auf einer weiteren Dachlatte. Danach verbinden Sie diese beiden Wände jeweils an einem Ende der großen Wand. Lassen sie hierbei zwischen den obersten zwei Brettern und dem Rest 10cm frei. Hier wird von innen der Maschendraht gegen geklammert.
(siehe Bild)

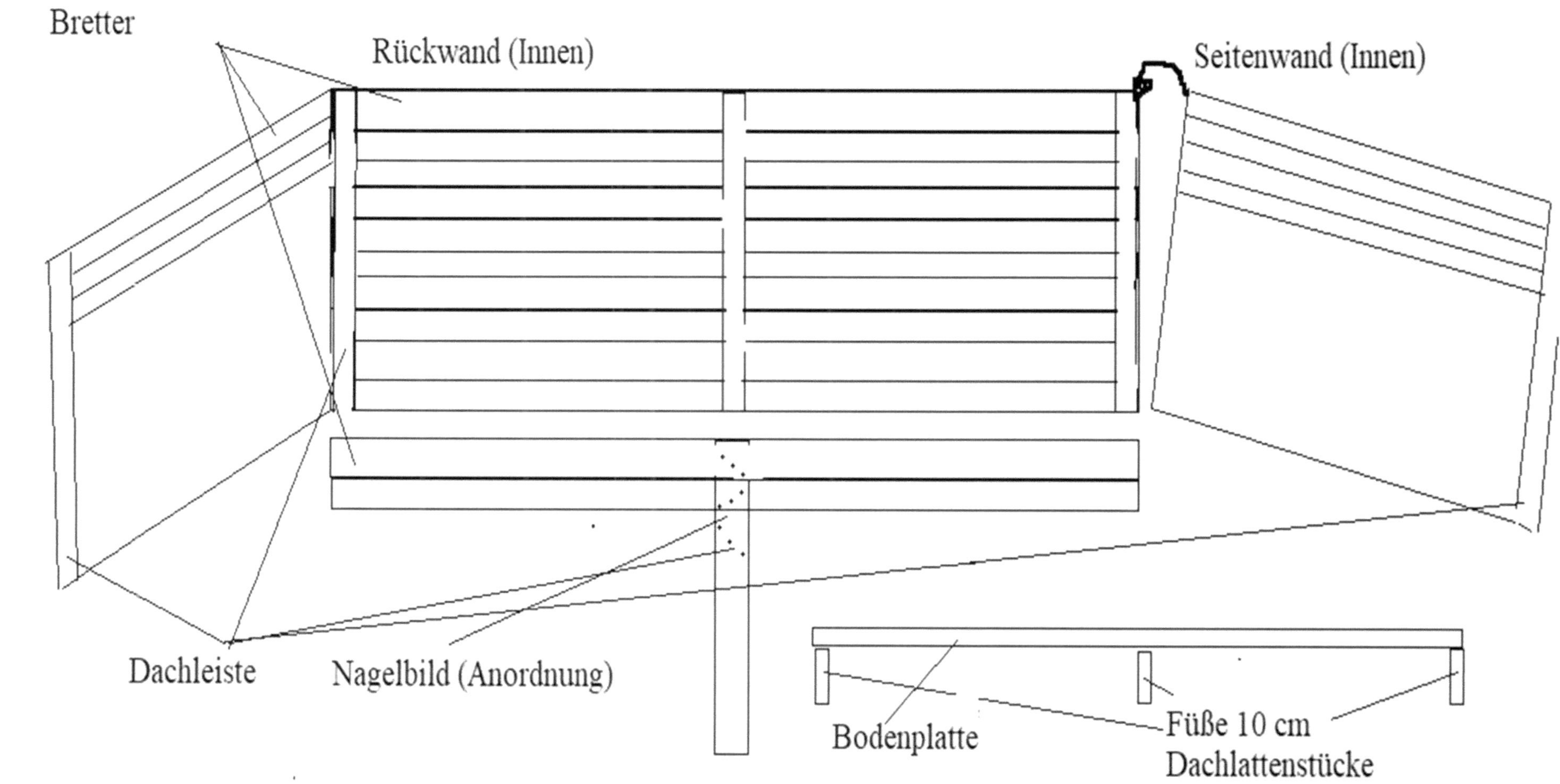
Bretter
Rückwand (Innen)
Seitenwand (Innen)
Dachleiste
Nagelbild (Anordnung)
Bodenplatte
Füße 10 cm
Dachlattenstücke

Stellen sie nun die 3 zusammengebauten Wände auf die Bodenplatten und fixieren sie diese mit den Winkeln. Die unteren Enden der Dachlatten mit Schrauben auf die Bodenplatte.

Frontseite:
Die Frontseite besteht aus 3 Abschnitten. 2 Teilwänden und die Tür.
Zuerst nageln sie 4 von den 0,8m Bretter zusammen, wie bei den Seitenwänden und verbinden sie diese genauso wie sie die Seitenwände mit der Rückwand verbunden haben. Fixieren sie die neue Dachleiste mit dem Winkel an die Bodenplatte. Wiederholen sie dies auf der anderen Frontseite. Über die 4 Bretter nageln sie nun zwei 2 Meter Bretter so das die 2 Kleinen Frontteile verbunden sind und lassen wieder 10cm frei für den Maschendrahtstreifen. Nageln sie 3 weitere 2 Meter oben an um dort die Wand zu schließen. Klammern sie nun die Maschendrahtstreifen in den offenen Streifen ringsum. Nun sollten sie einen leeren Stall ohne Tür und Dach haben und ein 10cm Maschendrahtfensertn.

Für die Tür nageln wir nun die 4 Bretter (40cm) auf die 2 andren 40cm Bretter auf, so dass ein festes Quadrat aus Brettern entsteht.
Schrauben sie nun auf dem einen Seitenende 2 Scharniere auf und auf der anderen Seite das Schlossscharnier. (Siehe Zeichnung) Schrauben sie die Scharniere nun an die eine Frontbretterseite an, so dass der Stall nun eine Tür hat.
Schließen sie nun die Tür damit sie die Schlossscharnieröse passgenau befestigen können.

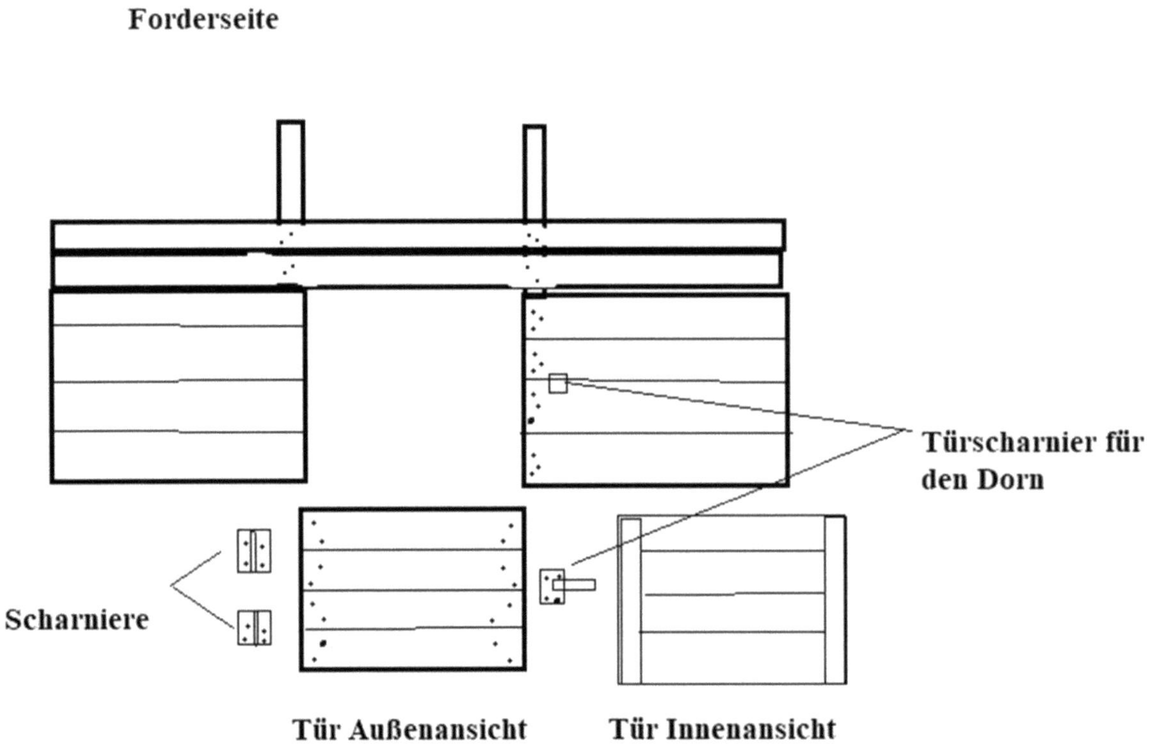

Forderseite

Das Nest:
Nageln sie die dazu vorgesehenen Teile zu einem „Schubfach" zusammen und stellen
es in eine der vorderen Ecken des Stalls. (Damit sie es erreichen können, um die Eier
aus dem Nest zu holen.)

Hühnerstange:
Schrauben sie die kleinen dafür vorgesehenen Dachlatten kreuzförmig so zusammen,
dass sie auf eine Ecke 5cm haben und der anderen Ecke den Rest. In dem kleinen
Winkel legen sie dann die Stange rein und befestigen sie diese mit einer Schraube
oder (einer Schnur optional). Ein Kreuz an jedem Ende und das Dritte in der Mitte.
Als Standstabilisation, Schrauben sie gegen die beiden äußeren Kreuze am
Bodenende je eine der 90cm Dachleiste, mittig.
Nun können sie die Hühnerstange in den Stall stellen. - Am anderen Ende, so dass die
Stange nicht über dem Nest steht. Hühner machen ihre Toilette, wo sie gerade stehen.
Daher ist die Stange über dem Nest nicht so sauber.

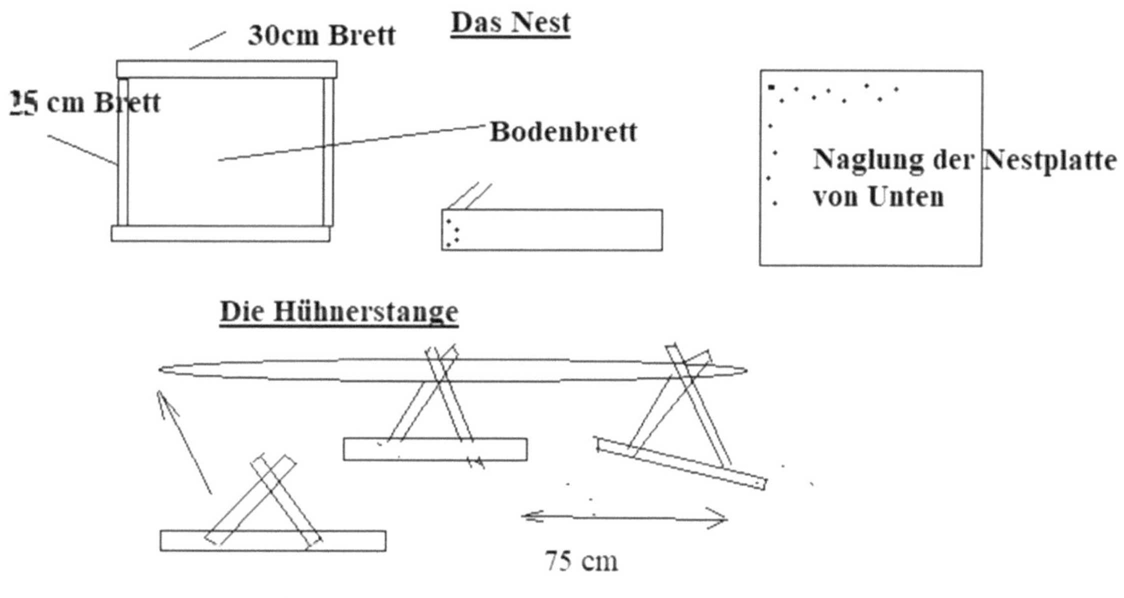

Die Hühnerleiter:
Hierfür ist das 40cm breite Brett gedacht und die 10, 40cm langen Dachleistenstücke.
Verteilen sie die Dachleistenstücke auf dem Brett und nageln sie diese dort auf.
Verbinden sie dann das Brett mittels 2 Scharnieren an der untere Bettseite mit der
unteren Bodenplattenseite vor der Stalltür. (Durch die Scharniere ist die Unebenheit
im Auslauf egal, der Winkel der Hühnerleiter passt diese optimal durch die
Scharniere an. Und erleichtert Ihnen auch, dass wieder Ausebenen der Löscher, die
ein Huhn gebuddelt haben könnte.

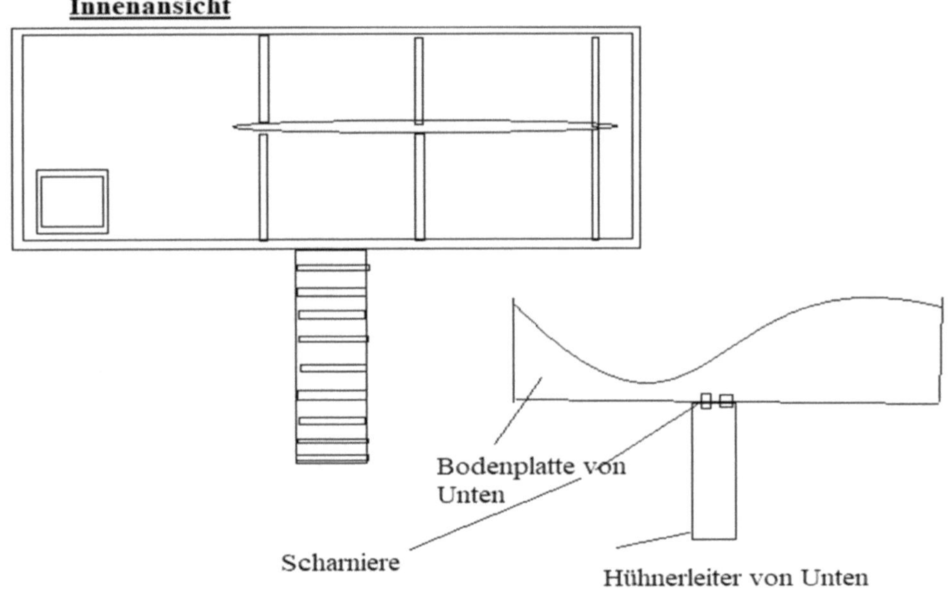

Zu dem Dach vorab folgender Gedanke.
Die simpelste Methode ist natürlich, die Dachplatte nun auf die Leistenpunkte des
Stalls aufzuschrauben und fertig. ABER. Ich habe es hier so vorgesehen, dass man
das Dach öffnen kann. Um zum Beispiel zur besseren Reinigung, den Nestkasten und
die Hühnerstange herausnehmen kann. Man kann dann auch mal mit einem Besen
von oben den Stall durch/aus-fegen nach dem Entfernen vom Stroh.
Oder die Eier von oben mit einer Kelle herausholen, wenn der Arm nicht so lang ist.
Schrauben sie dazu die 3 Scharniere an der hinteren Längsseite der Platte und das
Türschlossscharnier auf der anderen Längsseite der Platte. Legen Sie die Platte auf
den Stall und schrauben sie DANN die 3 Scharniere an der Stallaußenrückwand fest.
An der Frontseite dann passgenau die Schlossöse. Diese Reihenfolge verringert das
Risiko, das die Wellplastikplatte während des Schraubens platzt. Zusätzlich empfiehlt
es sich die Löcher auf der Plastikplatte vorzubohren. Das Bohrloch sollte jedoch nicht
größer sein als der Schraubenkopf. Am besten ist es, die Scharniere an der
Plastikplatte mit Schraube, Mutter und Unterlegscheiben zu befestigen. Für diese
Methode benötigen sie noch die Schrauben und Unterlegscheiben zusätzlich zu der
Auflistung. (Privat habe ich diese Methode bei meinem Stall gewählt.)
Wie bei der Tür können sie nun die Schlossöse passgenau anbringen.

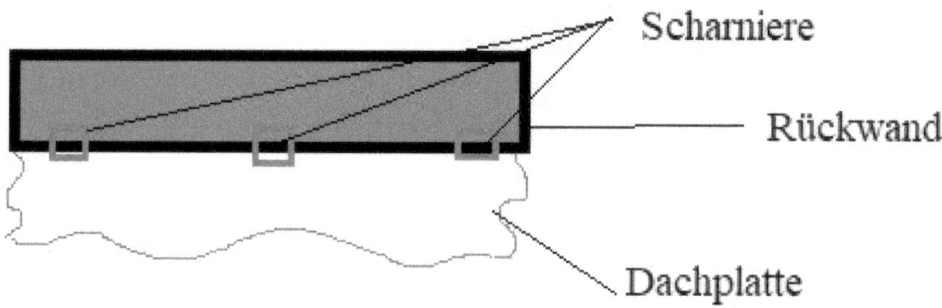

Nun haben sie noch 1x 2 Meter und 2x 0,95 Meterbretter übrig. Da es im Winter in der Nacht kalt ist, oder bei Sturm … es stark zieht was den Hühnern auch nicht so angenehm ist. Sind diese Bretter gedacht vor dem Maschendraht außen angehangen zu werden. Oder sie montieren sie mit weiteren Scharnieren zum zuklappen davor. Allerdings gibt es auch welche die simple Luftpolsterfolie im Winter davor klammern.
Im Sommer sollten sie die Folie dann aber um Hitzestaus zu vermeiden entfernen.

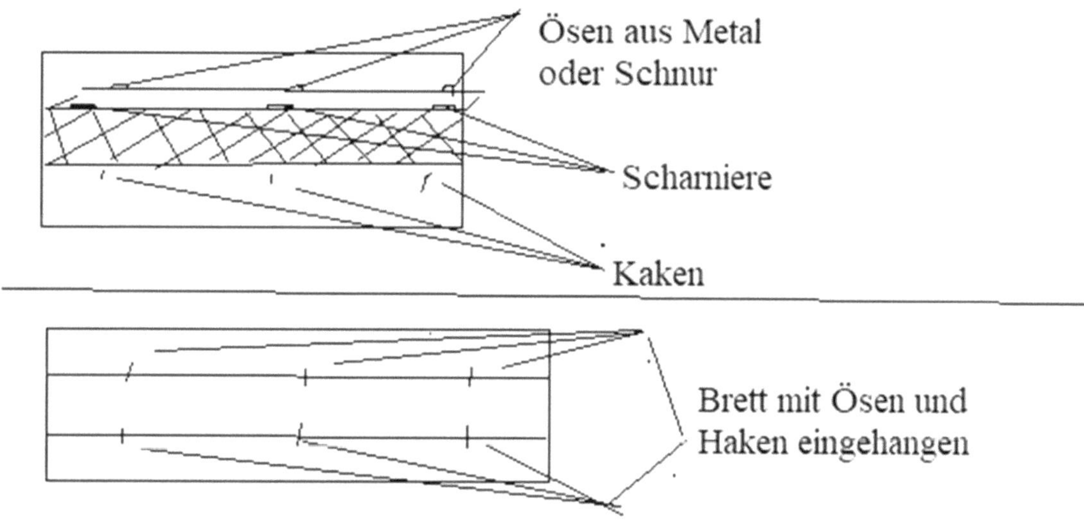

Da sie die Fensterschließmethode frei wählen können sind außer die Bretter die Materialien oben nicht aufgeführt

Scharniermethode:
7 Scharniere (3 für die Frontseite, 2 für Rechts und 2 für Links)
7 Ösen und Haken.

Einhängemethode:
14 Ösen und 14 Haken.

Luftpolstermethode
4m x 10 cm Folie und Klammern

Hinweis: Wenn sie die Dachöffnungsmethode wählen, brauchen sie noch 3 Steine, die
sie aufs Dach legen, damit es nicht angehoben wird bei Sturm oder starken Wind.
Wenn sie kein Vogelgehege mit Maschendrahtdach haben. Ein zusätzlicher
Nachtschutz gegen Räuber und Jäger bei dem Dachöffnungsmodel, sollten sie
zusätzlich ein Netz oder Maschendraht spannen. Eingehangen, in Nagelhaken, so
dass sie es aufrollen können, um noch von der Dachöffnungsmethode zu profitieren.
Das Netz/Maschendrahtfeld sollte dann etwas größer als 2x1m sein. An der
Rückwand kann das Netz permanent geklammert werden, es ist ein Abstand von ca.
10 cm zu empfehlen. Dies bedeutet sie brauchen dafür 20 Klammern und 40
Hakennägel. Erfahrungsmäßig wird man das Netz nicht jeden Tag ausgehangen. Zur
Komplettinnenreinigung ist dies allerdings die beste Methode. Für das herausnehmen
der Hühnerstange.
Bei der, Dach geschlossenen Variante, können sie die Hühnerstange auch am Boden
befestigen – anschrauben. Der Nestkasten kann auch durch die Tür herausgenommen
werden. Zum Heranziehen des Nistkastens kann ein gewöhnlicher Feuerhaken,
Gartenhacke oder ähnliches verwendet werden.

7 Kaninchenstall

Bevor sie einen Kaninchenstall bauen, sollten sie sich im Klaren werden wieviel
Kaninchen wollen sie sich anschaffen und wollen sie Züchten oder nicht! Haben sie
den Platz dafür.

Hier eine Platzbedarfstabelle

Anzahl Kaninchen	Mindestmaße
Zwei Kaninchen	6m² Grundfläche (z.B. 2x3m)
Drei Kaninchen	7,2m² (z.B. 3,60x2m)
Vier Kaninchen	8,4m² (z.B. 4,20x2m)
Fünf Kaninchen	9,6m² (z.B. 4,80x2m)
Sechs Kaninchen	10,8² (z.B. 5,40mx2m)
Sieben Kaninchen	12m² (z.B. 2x6m oder 3x4m)

Dies ist aber mit Mindestauslauf. In diesem Beispiel bauen wir wieder 2x1 Meter
Grundfläche darin können sie 4-5 Zwergkaninchen halten aber nur 2 große
Kaninchen siehe Kapitel 21. In der Rudelhaltung (also keine Einzelbuchten) ist zu
empfehlen nur ein pubertierendes oder älteres Männchen zu halten. Da sie sich, sonst

treten, wobei sie sich sogar ernsthaft verletzen können. Besonders in der Paarungszeit.
(Diese Information haben ich aus einem Kleintierzüchterverein.)
Der Gesamtplatzbedarf mit Auslauf beträgt für diese Baumaße mit Auslauf mindestens 6m².

Kaninchenstall Forderansicht

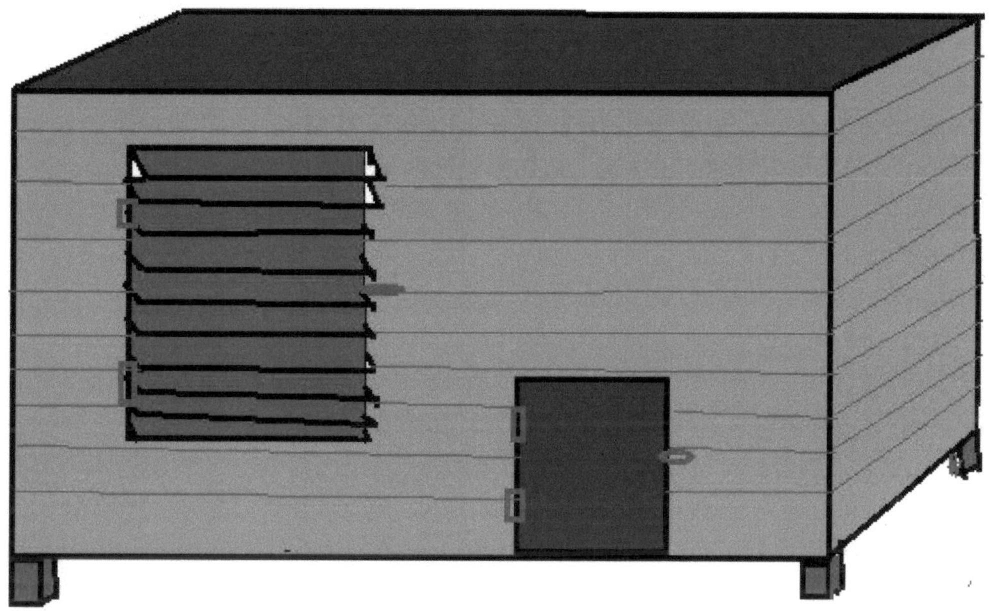

Hier ist die Tür verschlossen gegen Nachtjäger. Wenn sie einen Auslauf haben, der dagegen schützt, kann man vielleicht auch ein Filzleder davor hängen um die Stallwärme zu halten.

Materialbedarf

9 x 2m Bretter 10 cm Breit
16 x 0,95m Bretter 10 cm Breit
13 x 60 cm lange, 10 cm breite Bretter
9 x 30 cm lange, 10 cm breite Bretter
4 x 1,1m lange,   -"-
1 x 1,4 m lange,   -"-
4x 70 cm lange,   -"-
3x 40 cm lange,   -"-
6 x 80 cm lange Dachlatten 3x4 cm
und 4-6x 10 cm Dachlatten als Beine (wenn sie dick sind, ist es vielleicht besser 6 Beine zu nehmen).
24 Unterlegscheiben ca. 3-4 mm Stärke 24 Holzschrauben 25mm der Kopf der Schrauben darf nicht durch die Unterlegscheiben rutschen können.
6 Scharniere und 2 Türschlossscharniere inklusive Holzschrauben 2 Dorne

6 kleine Metallwinkel und 24x 30 cm Holzschrauben (12 optional mit 48 Holzschrauben dieser Länge für die Beine mit Scharnieren)
16 – 24 Holzschrauben 3,5 cm für die Beine und Dachplatte (wenn sie keine Winkel nehmen für die Beine) sonst 8 – 12 Holzschrauben 3,5 cm
1x 62 cm² Kaninchendraht
4 Aluminiumflachwinkel (optional für die Fensterlade und entsprechende Anzahl Holzschrauben).
2 Platten 2 x 1 Meter als Boden und Dachplatte.
1x 30 cm² Türplatte oder (optional Lederfilz)
> 332 Nägel 3,5 – 4 cm
Klammern zum festklammern des Maschendrahtes
Brett/Platte ca. 50/80 cm x 30 cm für die Eingangsrampe zum Hochhoppeln.

Werkzeuge: Hammer, Akkuschrauber, Handwerksklammerhexe, Bandmaß, Bleistift oder Reißnagel, Handsäge und Hobel bzw. Stemmeisen und Holzhammer/Gummihammer. (Pinsel und Witterungsschutzmittel, Tiertauglich), Wasserwaage, Metallfeile

Schritt 1
Schrauben sie die Bodenplatte auf die Beine. Das heißt die Schrauben von der Platte aus durch die Platte in die Beine (10 cm langen Dachlattenstücke).
Oder Option 2: Befestigen sie mit Hilfe der Winkel und Holzschrauben die Beine an die Bodenplattenunterseite. Sollten die Spitzen der Schrauben auf der Oberseite der Bodenplatte herausschauen feilen sie diese mit der Metallfeile ab. So dass weder für sie oder den Kaninchen eine Verletzungsgefahr besteht.

Schritt 2
Legen sie 2 der Dachlatten in Abstand von 2 Meter auf dem Boden und nageln sie 8x 2m Bretter auf die Dachlatten zu einer Wand zusammen, 3 Nägel pro Brettende in Zickzacklinie.
Legen sie dann eine dritte Dachlatte genau in der Mitte unter den Brettern und nageln sie diese ebenfalls an.
Dann schrauben sie diese Wand mit 3 Winkeln auf die Bodenplatte an. Je ein Winkel pro Dachlatte.
Legen sie noch eine Dachlatte auf dem Boden und legen sie die 95 cm langen Bretter (8 Stk.) mit einem Ende auf die Dachlatte und nageln sie diese wieder zu einer Wand zusammen. Wiederholen sie dies mit den anderen 95cm Brettern. Verbinden sie diese nun als rechte und linke Wand mit der an der Bodenplatte befestigten Rückwand. So dass die Dachlatten zu offen Stallseite innen stehen.
Die Dachlatten freie Bretterseite an die Dachlatte der Rückwand aufnageln und die neuen Dachlatten mittels Winkel an die Bodenplatte aufschrauben.

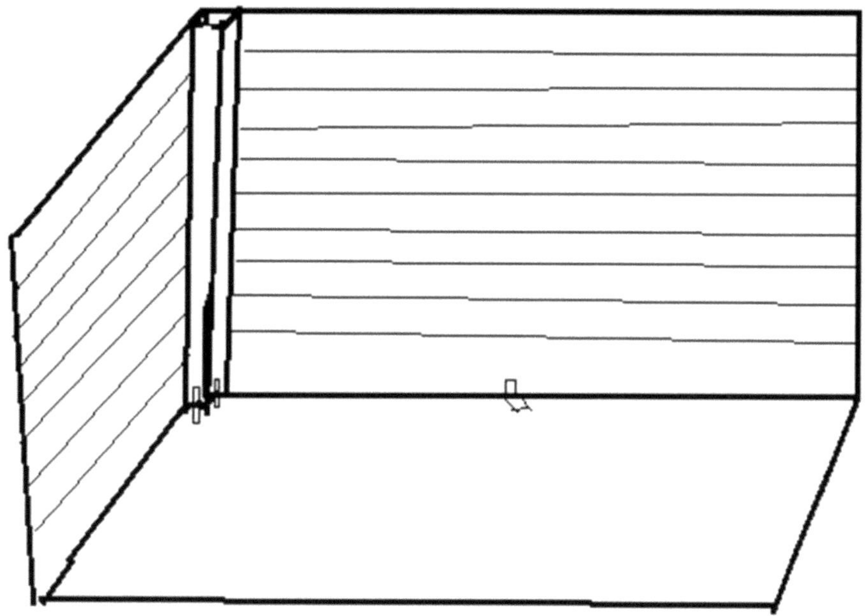

Schritt 3: Vorderseite Schritt 1
- Nageln sie das 9te 2 Meterbrett oben an die Dachlatten der linken und rechten Seite auf.
- Nehmen sie nun die übriggebliebene Dachlatte und stellen sie diese mittig in die Vorderseite. Nageln sie das Brett auf die Dachlatte und befestigen sie die Dachlatte mittels Winkel und Schrauben auf die Bodenplatte.
- Nageln sie nun auf der rechten Seite die 4 1,1m Langen Bretter auf die Dachlatten auf. (Links davon kommt dann das Fenster)
- Nageln sie unten auf der linken Seite Das 1,4m lange Brett auf die Dachlatten auf.

Vorderseite Schritt 2

Bauen sie nach der Zeichnung und ihrer Wahl den Fensterrahmen.
Wenn sie die Blatteckverbindung wählen, siehe Holzverbindungen, Seite 13 (Blattstoßverbindung).
Legen sie die beiden 70 cm langen Bretter auf eine Arbeitsbank/Tisch und zeichnen sie von den Enden aus, 15 cm eine Linie der Breite lang auf. So weit muss das Stoßblatt in das Brett hinein gehen. Sägen sie dieser Linie entlang das Brett halb tief ein. Spannen sie nun das Brett hochkant in cincm Schraubstock, teilen sie den Brettquerschnitt der Breite nach mittels einer Bleistiftlinie in 2 gleiche Teile ein und verbinden sie die Linie mit den Enden der Einschnitttiefe. Stemmen sie nun mittels Stemmeisen und Holz/Gummihammer den markierten Bereich aus. Oder sägen sie mit einer Feinsäge diesen Teil aus.

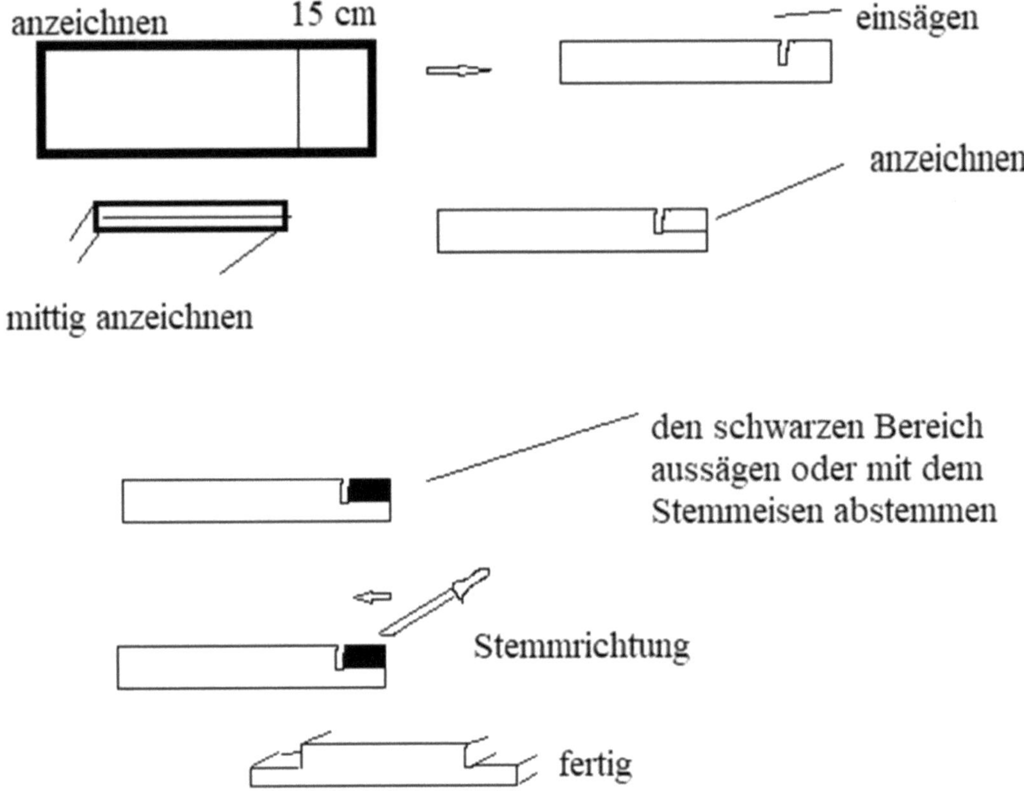

Tun sie nun das gleiche mit 2 Bretter 60cm lang sägen oder stemmen sie hier **nur** 10 cm aus.

Fügen sie dies zu einem Rahmen zusammen (nageln). Schlagen sie die Nagelspitzen auf der anderen Seite um. Bei den langen Brettern haben sie einen Überstand von 5cm auf beiden Seiten. (Dieser ist zum Festnageln an die Wand auf der Innenseite.) Nehmen sie nun 6 der 30 cm langen Bretter und 1 x 60cm langem Brett und nageln sie die 30cm langen Bretter auf dem 60cm langen Brett zu einer Wandform auf, gehen sie dabei 5 cm von den Brettenden nach innen. Nageln sie dann nach Zeichnung das Fenster und das Wandstück zusammen.

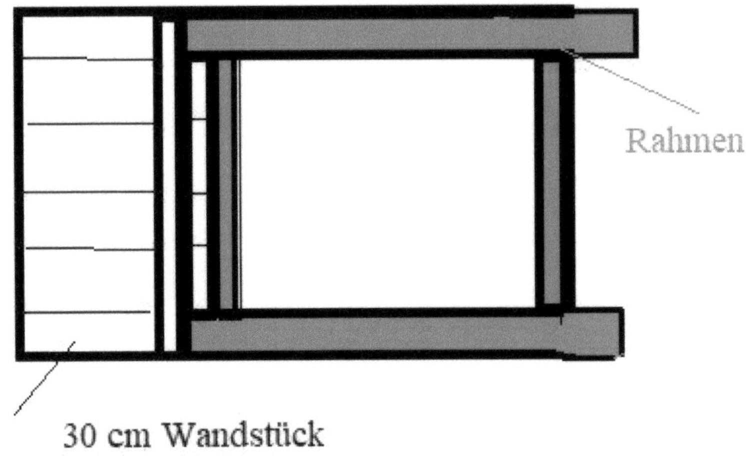

Rahmen und 30cm Wandstück (Innenansicht)

Klammern sie nun das Kaninchenmaschendrahtfeld in den Rahmen hinein.
Nageln sie nun das Wandstückteil auf die Dachleiste auf. Und dann den
Rahmenüberstand auf der anderen Seite mit den 1,1 m breiten Brett zusammen.
(Achtung hier kann es etwas federn beim Nageln. Leichtere Hammerschläge kosten
zwar mehr Zeit sind aber dann hilfreich.)

Option 2
Legen Sie die 70 cm langen Bretter und 2 Bretter 40 cm zu dem Rahme zusammen
wie auf dem Bild und schrauben Sie die Flachwinkel oder Winkelplatten auf.

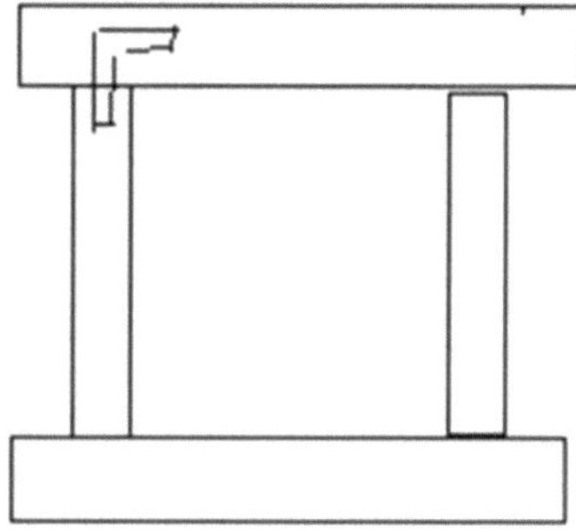

Fahren sie nun wie bei der Blattstoßverbindung fort.

Die Vorderwand müsste dann so aussehen bis dahin.

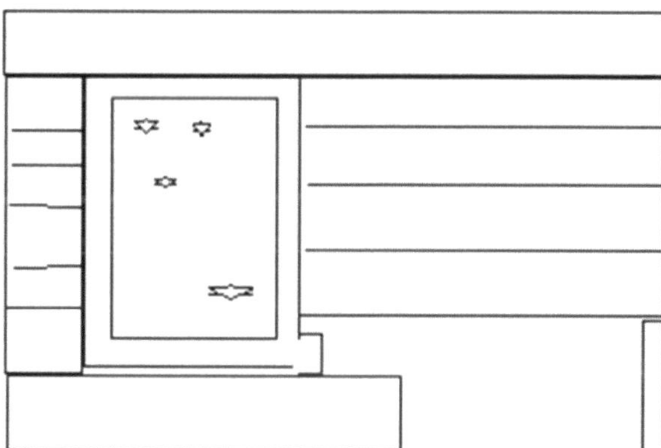

- Nageln sie nun auf der Innenseite eines der 40 cm langen Bretter, hochstehend
  und bündig zum 1,4 m Brett fest
- Nehmen sie nun die letzten 3 Bretter 30 cm und 1 Brett 40 cm und nageln sie
  es zu einem Wandstück. Lassen sie dabei an dem 40cm Brett ruhig 1 cm
  überstehen. (als Türanschlag) und verbinden sie dieses Wandstück wieder mit
  der Dachlatte.
- Nun haben sie außer da, wo die Tür reinkommt, noch ein Loch von 60 cm
  Länge. (Fensterrahmenanschluss und Türrahmenbrett.) verschließen sie diesen
  mit eines der 60 cm Bretter.

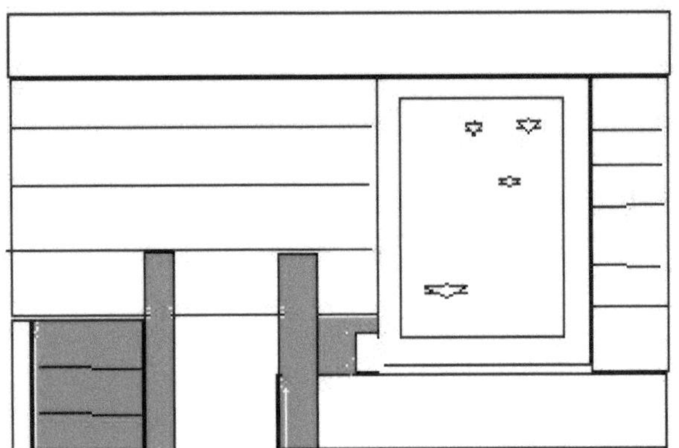

Schrauben sie die beiden Scharniere auf die Türplatte und auf der gegenüberliegenden Seite das Türschlossscharnier an und setzen sie die Tür in die Vorderwand ein. Passen sie die Dornenöse genau an der Wand an und schrauben sie diese dann an die Wand an.

Die Fensterlade

Legen sie 2 Bretter 60 cm rechts und links als Rahmenseite und nageln sie am Kopf und Fuß 2 Bretter 70 cm auf, das ein Rahmen entsteht. Nageln sie ein Kreuzmuster. Schrauben sie nun rechts und links je eine Schraube mit je 2 Unterlegscheiben auf untere Rahmenseite.
Schrauben sie dann die Scharniere wie auf dem Bild am Rahmen fest.
Nun verteilen sie 6 x 60 cm Bretter gleichmäßig in den Rahmen. Die untere Brettseite soll dabei auf den Schrauben des darunterliegenden Brettes aufliegen, so dass die Schrauben und Unterlegscheiben ein Aufliegen der Bretter auf das untere Brett verhindert und somit ein Luftschlitz entsteht.

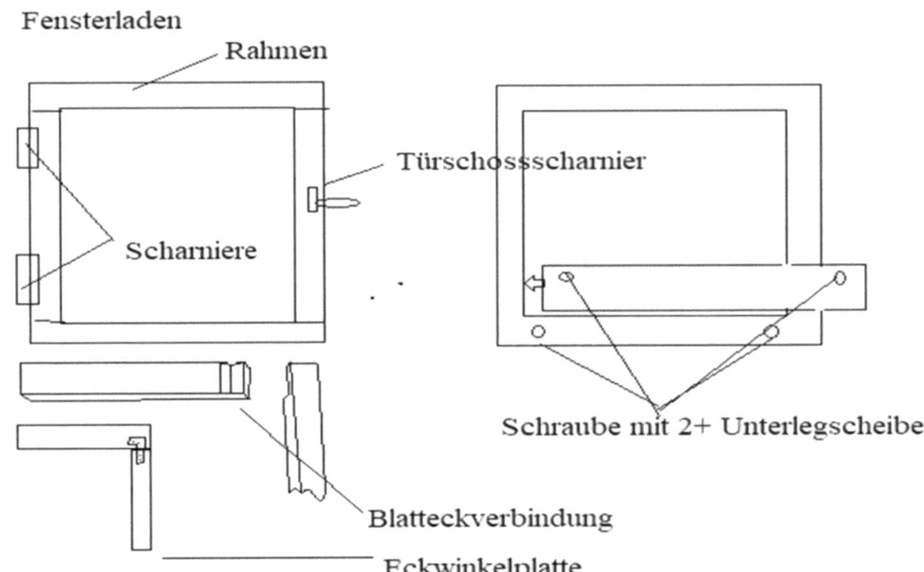

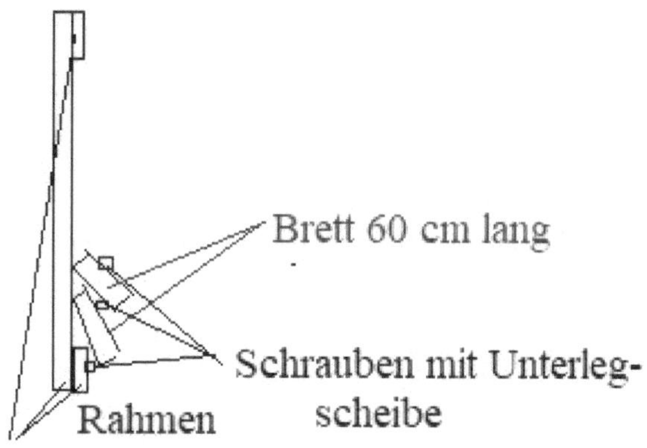

8. <u>Hundehäuschen nach Maß</u>

Ihr Prestige ist ihrem Hund egal, sie brauchen keine große Villa und sind auch nicht
auf dem Zen-Tripp.
Sie wollen sich darin zurückziehen, darin schlafen, nicht frieren und nicht nass
werden.
Daher sollte das Dach dicht sein. Das Haus nicht zu groß oder zu klein.
Die Höhe des Häuschens sollte die Schulterhöhe des Hundes mal 1,2 bis max. 1,5
sein.
Aber für den Eingang nur, mal 0,8.
Die Länge des Hundes mal 1,5 für die Länge des Baus.
Die Breite ist gleich der Widerrist des Hundes aber nicht breiter als die Länge des
Baus.
Warum ist bei mir der Bau des Daches flach.
Ich habe gesehen, wie die Hunde, die meine Eltern über die Zeit hatten, es geliebt
haben auf das Dach zu klettern/springen und sich da rauf zu legen bei Tage und
gutem Wetter. Vielleicht liegt es aber auch daran, ein Platz über dem unmittelbaren
Zuhause, so einfach besser zu bewachen ist.
Ein Hund ist ein Tier, dass die Rolle angenommen hat, über das Gebiet seines Rudels
zu wachen gegen Essen, kein Bettplüschtier. Manche Hunde nehmen auch diese Rolle
an aber nicht alle. Lassen sie sich nicht schlecht fühlend machen, wenn ihr Hund im
Garten in seinem Häuschen schläft. Es ist, sozusagen, sein Zimmer.
Sie sind es trotzdem wert gekuschelt zu werden und auf jeden Fall ein Teil der Zeit
des Rudels (Familie) zu bekommen.
Die Platzierung ist auch sehr wichtig.
Wenn es geht, vermeiden sie, dass die Hütte von allen 4 Winden umweht wird. Bauen
sie auf einer Seite einen Windschutz auf oder platzieren sie die Hütte an einer Wand.
Wenn sie optional noch ein kleines Vordach bauen, hat der Hund einen Schatten im
Sommer gegen die gestaute Hitze in seinem Zimmer.

Schritt 1
Messen sie ihren Hund aus und berechnen sie die Größe der zukünftigen Hütte.

In diesem Beispiel nehme ich ein Schäferhund; Schulterhöhe 60 cm, Länge 1 m,
Widerrist 60 cm.
Daraus folgt für die Größe des Baus.
Höhe: 72 – 90 cm
Länge: 1,2 – 1,5 m
Eingangshöhe 48 – 50 cm
Breite: 60 cm – 1 m

Der Boden einer Außentierbehausung sollte nie direkt auf dem Boden stehen. Dies
verhindert, das stehendes Regenwasser in die Behausung läuft.
Ein ausgewachsener großer Hund kann schon etwas wiegen. Daher nehme ich als
Beine ein Kantholz.

Material Bedarf:
- 18x 1,2m bis 1,5 m lange Bretter
- 9x 0,65 – 1 m lange Bretter
- 2 Kanthölzer 60cm – 1 m
- 1 Holztafel 60, cm – 1 Meter breit mal 1,2 – 1,5 m Lang
  Optional 7 – 10 x Bretter 1,2 cm bis 1,5 m lange Bretter für den Boden
- eine Dachplatte, Holz 70 cm x 1,8 – 2,1 m
- 2x 90 cm + 2x 1 m Breite Bretter oder 2x 90 cm lange Bretter + eine Platte 45
  cm mal 1m (Eingang, Bogenausarbeitung)
- 4 Bretter in Länge = Höhe der Hütte minus 5 cm 4 Metallwinkel + Schrauben
- >254 Nägel 6 – 6,5 cm Lang

Werkzeuge: Hammer, Handsäge, Holzpfeile, Schraubendreher (Akkuschrauber),
Metallfeile, Schleifpapier, Stichsäge

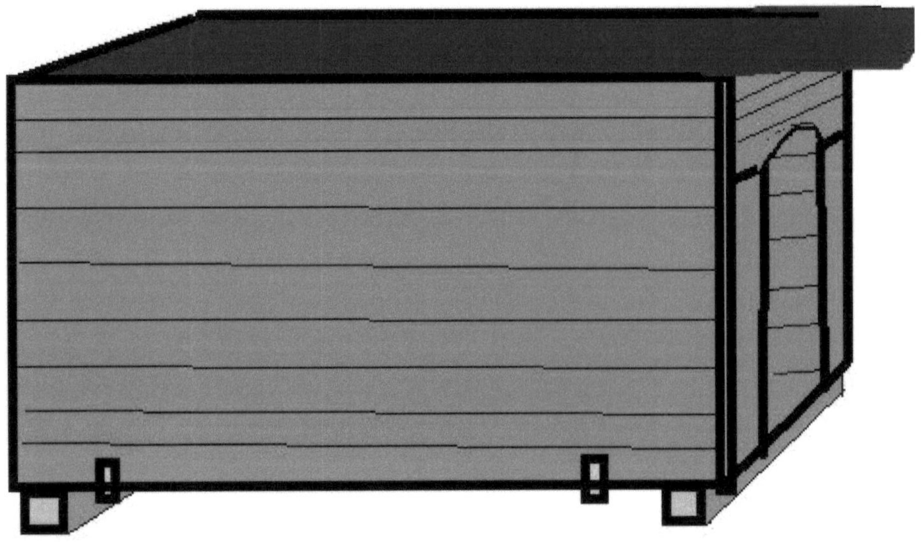

Wenn Sie den Boden aus Brettern gewählt haben, nageln sie die 7 Bretter von
1,2 – 1,5 m als Fläche auf den Kanthölzern auf. Es sind 3 Nägel pro Brettende zum
Kantholz berechnet. Nageln sie ein Zick Zack Muster. Lassen sie die Kanthölzer ca. 5
cm nach innen stehen. (Nicht mit dem Hütteneingang oder Ende Bündig.)

Schritt 2
Nageln sie je 9 Bretter der 1,2 bis 1,5 m Länge, auf 2 der Höhenbretter auf zu einer
Wand und wiederholen dies mit den anderen 9 Bretter von 1,2 – 1,5 m Länge.
Drehen sie die Wände um und schlagen sie die herausragenden Nagelspitzen um. So
dass diese umgeschlagen im Holz versenkt sind.
Befestigen sie die beiden Wände mittels Winkel und Schrauben an die Unterplatte.
Die Winkel sind auf der Außenseite der Hütte damit ihr Hund sich nicht daran
aufkratzt. Eventuelle herausragende Schraubenspitzen mit einer Metallfeile herunter
schleifen.

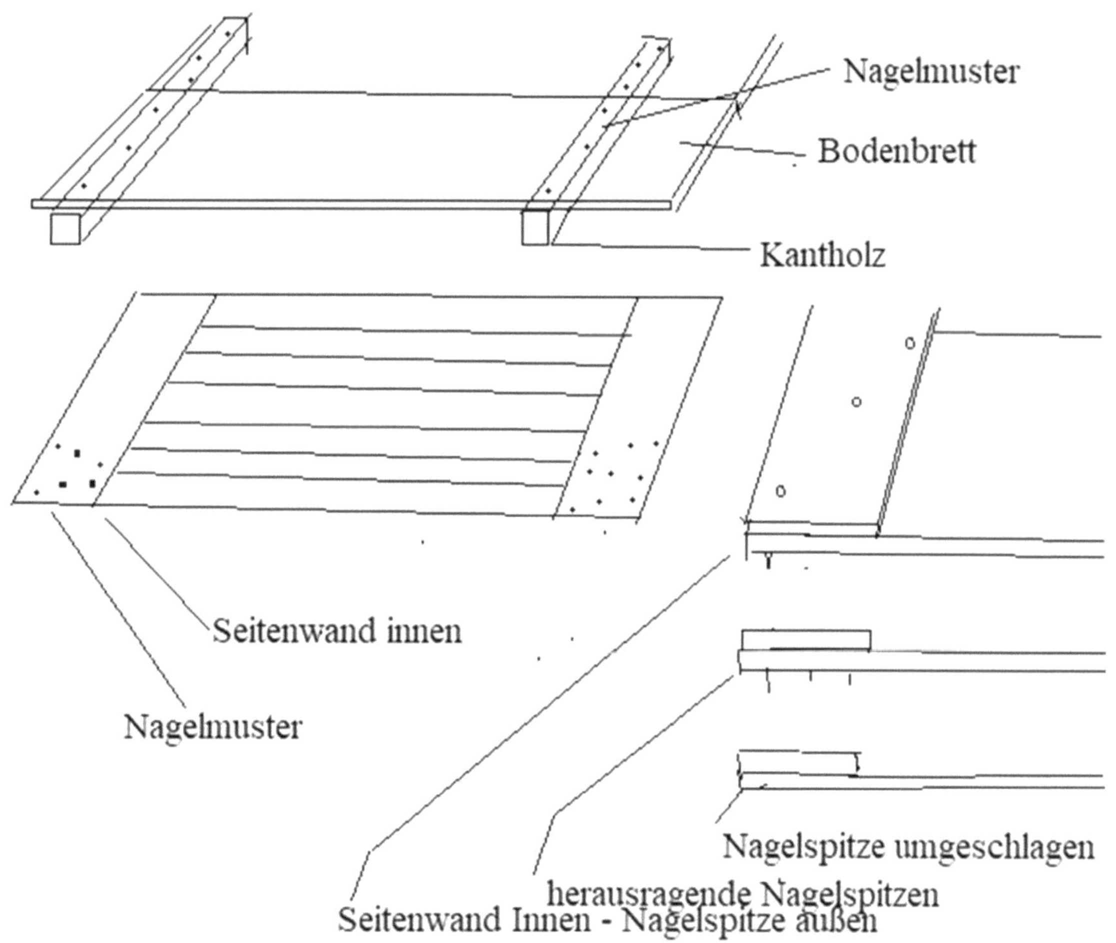

Schritt 3
Nageln sie nun die Bretter für die Rückwand 9 x 1m an der Rückseite der Hütte. Es
empfiehlt sich oben zu beginnen. Dies stabilisiert die Seitenwände gleich zu Beginn.
Achten sie darauf das keine Nägel in den Innenraum herausstehen.

Schritt 4

Option 1 Nageln sie das 3 Meterbrett und die 2x 0,9m langen Bretter zu einem flachen U-Profile zusammen für die Eingangswand.

Auf dem vierten Meterbrett markieren sie auf der einen Längenseite von den Enden nach Innen jeweils 10 cm und auf der gegenüberliegenden Seite mittig in die Brettbreite gehende Markierung ca. 5-7 cm und verbinden sie diese 3 Markierungen zu einem Bogen. Sägen sie diesen Bogen aus und feilen oder schleifen sie diesen glatt. Sägen sie mit der Handsäge am besten die Auszusägende Stelle mehrere Male ein und dann mit der Stichsäge fein aus.

Dann nageln sie dieses Brett mit dem Bogen nach unten auf die Eingangswand auf. Drehen sie die Wand um und schlagen die Nagelspitzen um.

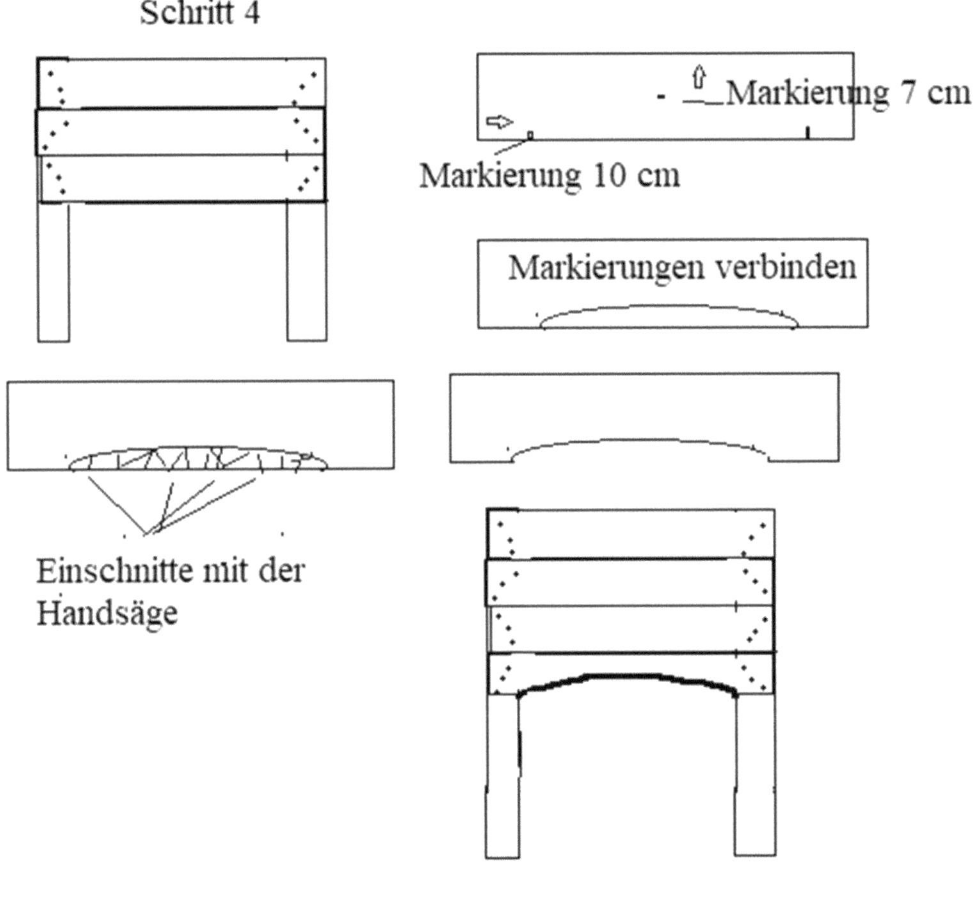

Schritt 5 Nageln sie die fertige Vorderwand auf der Vorderseite an und zum Schluss das Dach auf. Achten sie dabei wieder darauf, dass keine Nagelspitzen in den Innenraum herausragen.

Ist ein Nagel krumm geworden und die Spitze steht nach innen oder außen heraus, hilft es nichts. Er muss wieder herausgezogen werden und ein anderer muss genommen werden, etwas neben der gleichen Nagelstelle, so dass der neue Nagel nicht in die alte Nagelbahn, sich wieder hineinbiegt und erneut herausschaut.

9. <u>Katzenbaum</u>

Wenn ich ehrlich bin, habe ich noch nie einen Katzenbaum gesehen, wo ein
Katzenbaum mit einem Schlafplatz versehen ist, wo sich die Katze richtig
ausstrecken kann und schläft. Dennoch lieben es die Katzen sich darin mal
zurückzuziehen für ein Nickerchen. Daran herumzuklettern und zu spielen.
Meine Katze hat ein großes Kissen auf der Sitzbank (er liebt meine Nähe) und
einzelne Bestandteile eines Katzenbaumes.
Zuerst die Frage haben sie eine Hauskatze oder eine freilaufende Katze, oder gar nur
einen ständigen Besucher.
Da meine Katze ein ständiger Besucher ist, habe ich auch ein Katzenzelt mit Fell
gefüttert, wo sie unter meinem Pavillon sich „verkuscheln" kann, wenn ich nicht da
bin.
Eine Gartenkatze, freilaufende Katze wird einen Katzenbaum weniger beanspruchen
als eine Zimmer- bzw. Wohnungskatze.
Katzen sind Entdeckungsreisende, sportliche Akrobaten, die sehr aktiv sind.

Katzenbaum Model: hängende Maus

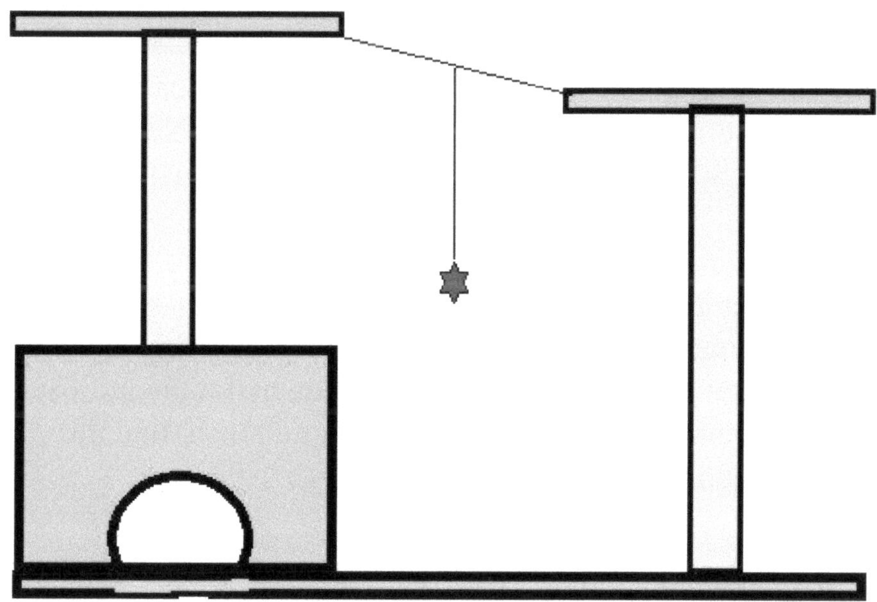

Die Außenflächen können sie wahlweise mit Stoff oder Fell beziehen, ihre Katze
macht hier keinen Unterschied, Fell im Häuschen ist da beliebter.
Als Grundplatte und somit Flächenbedarf wähle ich 1m x 0,5m.

Materialbedarf:
- Eine Platte 1m x 0,5m
- 2 Platten 35 cm²
- 1 Rundholz 20 cm lang, Durchschnitt 5cm
- 1 Rundholz 50 cm lang, Durchschnitt 5cm
- 7x 40 cm² Stoff, wenn sie Stoff Außen wählen und 6x 40 cm² Fell oder 13 x 40cm² Fell
- 1x 1m x 0,5m Stoff oder Fell für die Grundplatte
- eine Schnur (Paketschnur oder ähnliches) 40 cm und eine 5 -10 cm lang
- Naturseil in Stärke 1 cm, 1x 6,8m, 1x 15,75m (für die Kratzbäume)
- eine Plüsch-, Plastik- oder Gummimaus ca. 5 cm groß
- >24 Nägel 5- 6 cm
- >6 Leistennägel mit Kopf
- 4 Holzschrauben 6 cm
- Klammern für den Klammeraffen aus dem Baumarkt

Werkzeuge: Hammer, Akkuschraubendreher, Handsäge, Laubsäge, Schleifpapier und Holzfeile und eine Stopfnadel

Vorbereitung: Sägen sie bei einem 35 cm² Plattenteil einen Bogen aus wie bei dem Eingangsbogen der Hundehütte, markieren sie bei 5 cm.

Wenn sie Stoff gewählt haben, spannen sie das Fell einseitig auf 4 der 35 cm² Platten und dem Eingang und Klammern sie die Felle an den Platten/Bretterseite fest. Bespannen sie nun die andere Seite mit Stoff und die anderen Bretter/Plattenteile auch einseitig mit Stoff.
Wenn sie Fell gewählt haben, spannen sie Anstelle des Stoffs dort die Felle.
Umwickeln sie die Rundhölzer 2-lagig mit dem jeweiligem Naturseil fixieren sie den Anfang und das Ende der Schnur mit einem Leistennagel. Vor dem Annageln des Endes machen sie einen Knoten in das Ende, sodass sich das Seil nicht auflöst. Wickeln sie das Seil dicht aneinander und sehr fest. Die Rundhölzer sind die Kratzbaumteile des Katzenbaums.

Schritt 1

Schrauben sie das Dach des Katzenhäuschens an die eine Seite des 20 cm Rundholzes die Außenseite des Daches zum Rundholz. (Bei Stoff ist der Stoff auf der Rundholzseite) und ein einseitig bespanntes 35 cm² Teil auf das andere Rundholzende mit der nicht bespannten Seite zum Rundholz.

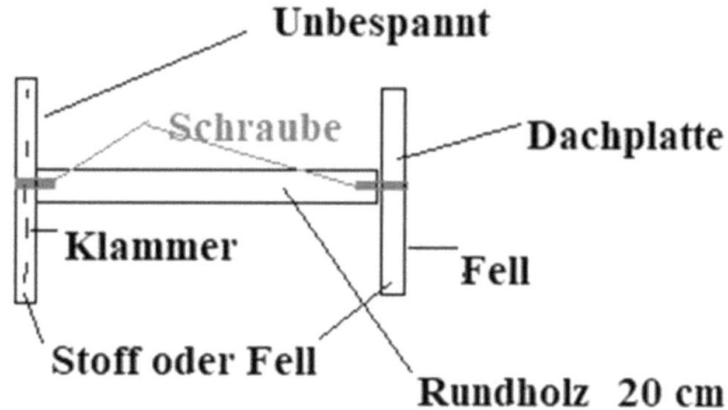

Schritt 2

Nageln sie die 3 Wände und den Eingang zusammen 3 Nägel pro anstoßende Kante.
Die Fellseite nach Innen.
Wenn sie die Bodenplatte mit Stoff bezogen haben, fixieren sie mit ein paar
Klammern das letzte Fellteil auf der Bodenplatte links-mittig.
Stellen sie die Häuschenwände auf dem Kopf und die Bodenplatte Kopfüber darauf.
Die Häuschenwände halten dabei das innere Bodenfell an der Bodenplatte fest. Damit
es nicht wackelt stellen sie am anderen Ende der Bodenplatte etwas unter, von 35 cm.
Dies kann problemlos auch zum Beispiel ein Kochtopf sein.
Markieren sie den Nagelbereich vor.
2 Methoden: Sie stellen zuerst die Häuschenwände zusammengenagelt auf die
Unterseite der Bodenplatten und umfahren die Wände innen und außen mit einem
Bleistift. (dies ist die einfachste Methode)
Oder sie umspannen die Bodenplatte mit einer Schnur an den Außenwänden des
Häuschens und markieren entlang der Schnur.
Nageln sie dann die Bodenplatte auf das Häuschenteil auf. Die Nägel dürfen **nicht**
aus den Wänden auf der anderen Seite herausschauen.

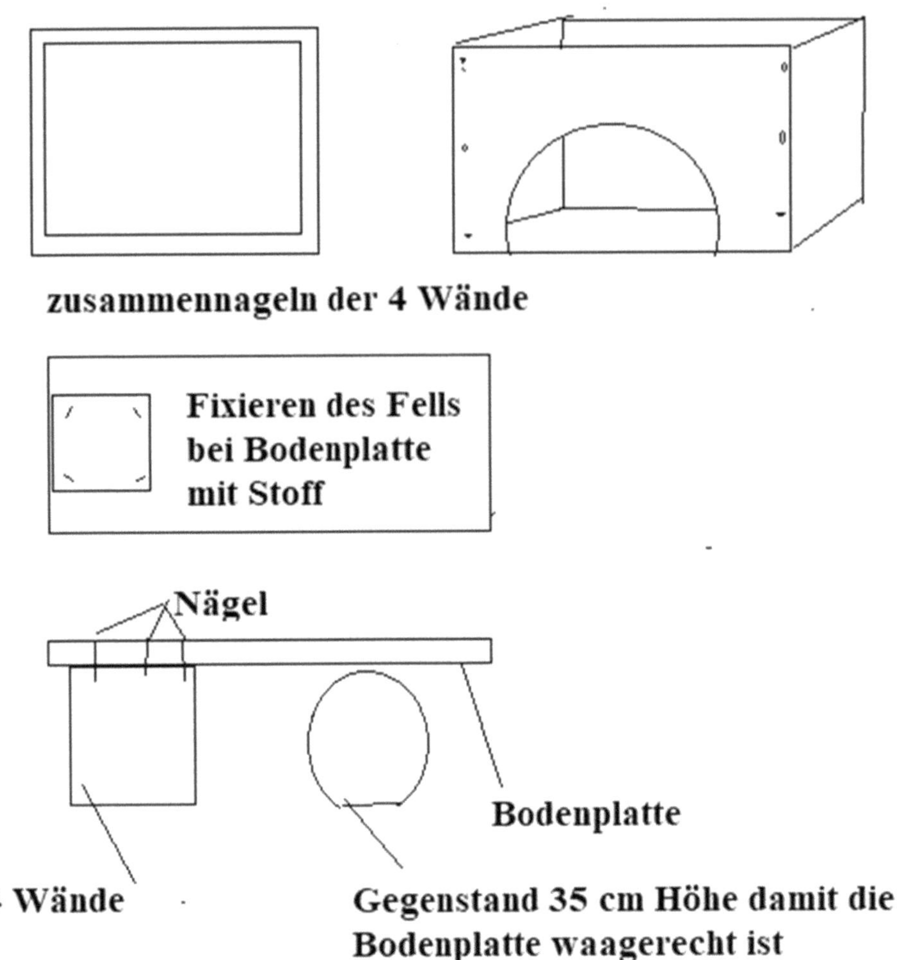

Schritt 3

Schrauben sie die noch freigebliebene 35 cm² Platte an das 50 cm Rundholzende, mit der Stoff- oder Fellseite nach außen.

Markieren sie vom rechten Bodenplattenende 17,5 cm mittig einen Punkt auf der Unterseite.

Legen Sie dann den fertigen Katzenbaumteil auf die Seite, sodass sie diesen Kratzbaumteil mit Sprungfläche an die Bodenplatte anschrauben können bei der Markierung.

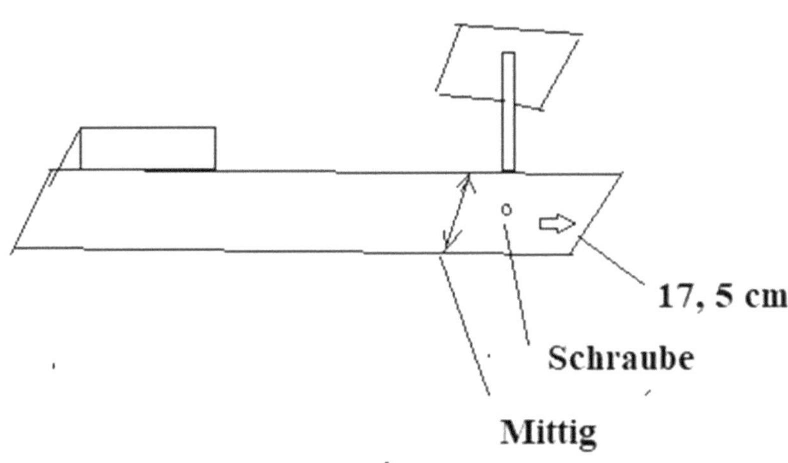

Endphase

Stellen sie den Katzenbaum auf, dass der angeschraubte Kratzbaum aufrecht steht. Nehmen sie nun das Dach mit dem kleinen Kratzbaum und nageln sie das Dach auf die Wände auf. Achten sie darauf das keine Nägel an den Seiten herausschauen.

Spannen sie die 40 cm Schnur zwischen den beiden Sprungplatten, nachdem sie die Enden jeweils mit einem Knoten versehen haben, damit sich die Schnur nicht auflöst und nageln sie die Enden mit einem Leistennagel fest.
Dann knoten sie das eine Ende der 10 cm langen Schur in der Mitte der gespannten Schnur fest.
Mit der Stopfnadel ziehen sie das herabhängende Teil der Schnur durch die Maus, bis sie die Maus festknoten können.

Wenn ihre Katze dann sich das ganze neugierig anschaut, pusten sie gegen die Schnur das die Maus pendelt oder so und geben die Manage der Katze frei.

10. Vogelkäfig für 1-2 Vögel

Das soll jetzt kein einfacher Kasten oder so werden aus Leisten und Maschendraht, was auch gehen würde. Aber dafür brauchen sie ja kein Anleitungsbuch.

Korbweidenvogelkäfig

Um diesen Vogelkäfig zu basteln, brauchen sie Wasser in einer Wanne. Die Weide muss nass-feucht sein, um nicht bei der Verarbeitung zu brechen.

Materialbedarf:
- Holzscheibe 70 cm Durchmesser (Umfang 219,91 cm)
- dünne Korbweidenruten > 300 à 75 cm
- 3 Rundhölzer für die Vogelstangen ca. 35 cm lang und optional 1 Rundholz für eine Schaukel
- eine Rolle Blumendraht
- ein Sperrholzbrettchen 5cm²
- Paketschnur
- 1 Knopf oder keinen Haken
- Zwirn oder Nähgarn
- 2 kleine Schlüsselringe

Werkzeuge: Wanne Wasser (>80 cm), Bohrmaschine mit Holzbohrer in der Stärke der Korbweide, feine Handsäge oder Blattsäge, Bastelnagel (alte Näh- oder Stopfnadel, kann verbogen sein), einen kleinen Nagel, Bleistift und Hammer

Schritt 1
Weichen sie die Korbweide ein, solange bis sie sich gut biegen lässt, lassen sie sie aber nicht zu lange aufquellen.

Schritt 2

Schlagen sie den Nagel etwas ein in der Mitte der Holzscheibe und Knoten den Zwirn oder Nähgarn am Nagel, ohne diesen abzuschneiden. Stecken sie den Bleistift durch die Nähgarnrolle oder den Zwirnstern und wickeln dann den Stern oder die Rolle so weit ab, dass die Bleistiftspitze 32 cm vom Nagel entfernt ist.

Nun ziehen Sie mit dem Bleistift einen Kreis auf der Holzscheibe. Entfernen sie den Nagel, Bleistift und Faden wieder.

Natürliche Weide ist unterschiedlich stark. Messen sie die Stärke einer Weidenrute und addieren sie 1 cm dazu. Machen sie nun auf der Kreismarkierung Markierungen im Abstand dieses Maßes. Und bohren sie dort jeweils ein Loch durch die Scheibe, so dass sie das dicke Ende der Rute hindurch stecken können. Die Bohrung sollte aber nicht zu groß sein, sonst gefährdet es die Stabilität.

Stecken sie durch jedes Loch das dicke Ende einer Rute.

Stechen sie dann mit der Nadel bei einem halben Zentimeter durch die Rute und schieben dort den Blumendraht durch, wie zu einem durchlaufenden Ring und verknoten die Enden. Schneiden sie den Rest der Rolle ab und ziehen sie die Ruten wieder zurück das der Draht an der Scheibe anliegt.

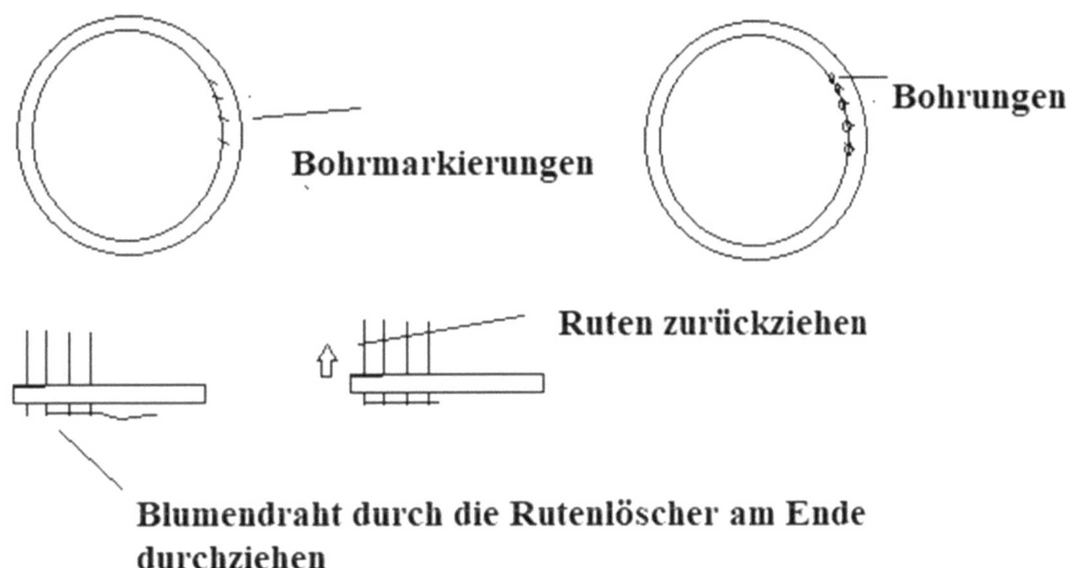

Schritt 3

Flechten sie nun 5 Ruten in die aufrechtstehenden Ruten zu einer Korbwand ein und drücken sie diese an die Scheibe an. Sie können zur Haltbarkeit die beiden Rutenenden mit dem Blumendraht verknoten achten sie aber darauf, dass die Knotenenden außerhalb des Käfigs sind.

Stechen sie dann mit der Nadel durch die oberen Enden der Ruten im gleichen Abstand zum Beispiel 1 cm.

Ziehen sie dann den Faden durch und ziehen dann die Spitzen fest zusammen. Und verknoten den Faden fest zusammen.

Gehen sie mit dem Blumendraht durch eines der oberen Löscher und verknoten den Draht mit der Route. Flechten sie den Draht zu 3 Ringen fest ein und verweben das Ende.

Weben sie in gleichgroßen Abständen von der Scheibe und der Spitze 3 Doppelringe
Weidenruten ein und sichern sie diese mit dem Blumendraht.

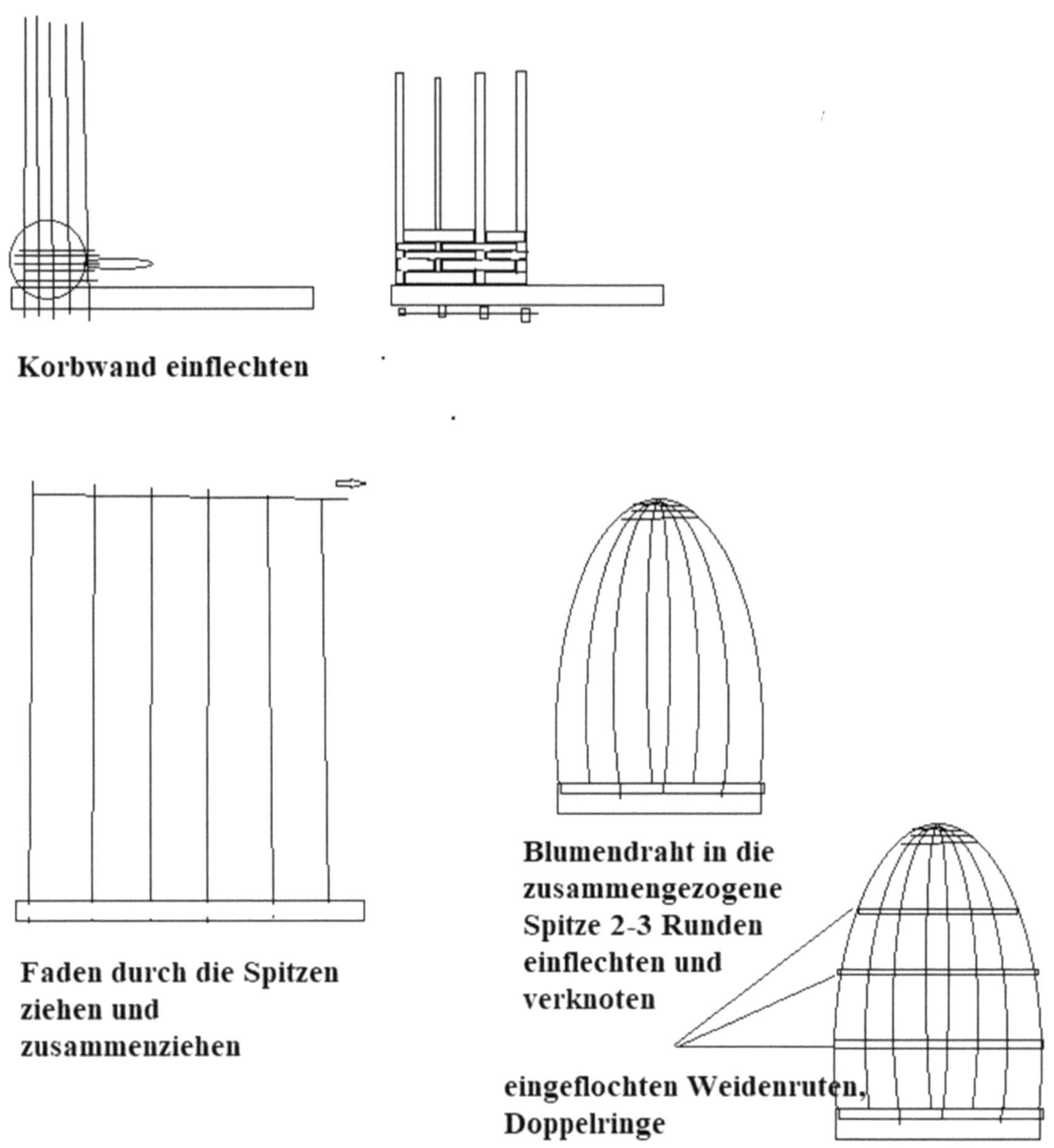

Schritt 4

Sägen sie nun in die Enden der Vogelstangen ein, dass sie in die Sägekerbe eine
Weidenrute feststecken können. Mit der Feinsäge oder Laubsäge. Stecken sie die
Stangen in die Rutenstreben, so dass sie auf einem der Doppelringe jeweils aufliegen.
Das Gewicht des Vogels kann so die Stange nicht nach unten drücken und somit nicht
die Stange aus den Streben drücken.
Verteilen sie die Stangen nach ihrem Belieben in unterschiedlichen Höhen. Passen sie
dabei die Stangenlänge an.
Nehmen sie die übrig gebliebene Stange, die sie für eine Schaukel (wenn) geplant
haben. Bohren sie bei ca. 1 cm vom Ende, an beiden Enden der Stange durch die
Stange und ziehen sie eine Paketschnur ca. 20 cm lang durch und machen in einem

Ende der Schnur einen Knoten und verknoten die beiden anderen Enden über dem
Käfig von außen.

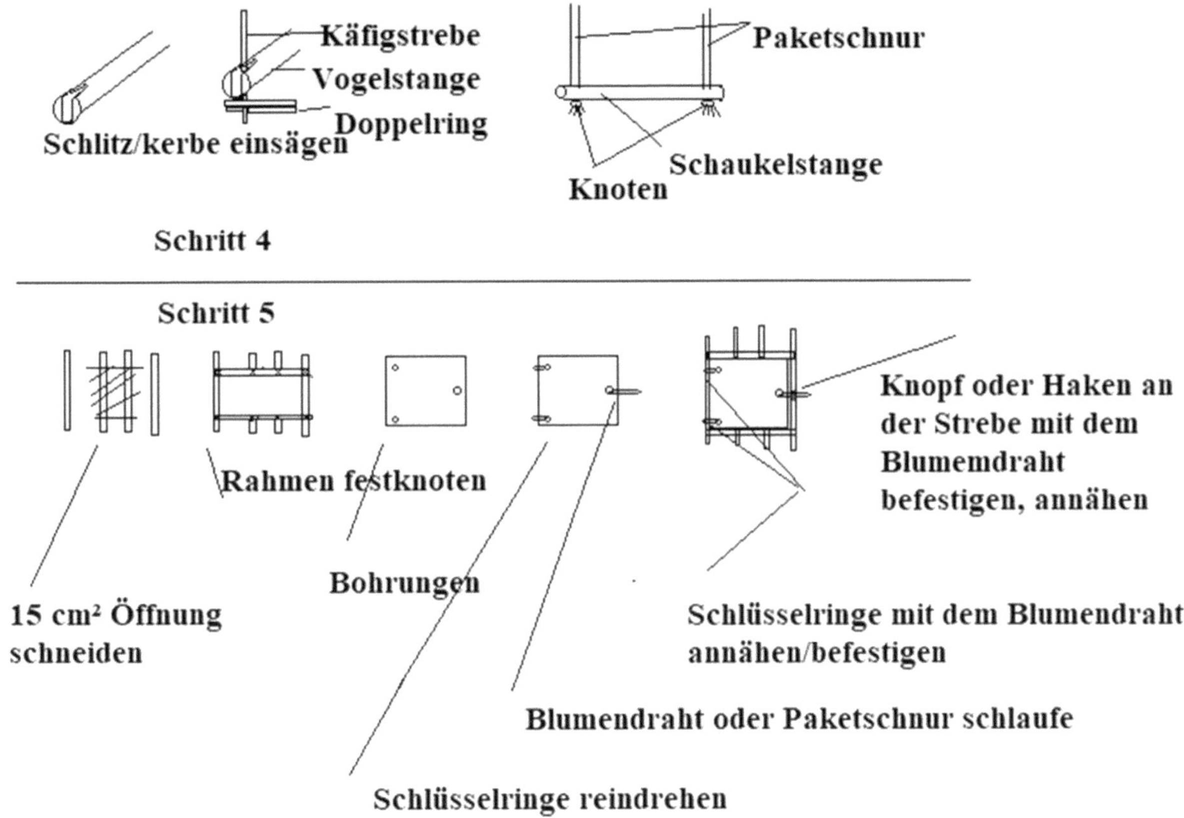

Schritt 5

Schneiden sie ein Loch von 35 cm² in die Käfigwand mit einer Heckenschere oder
starken Küchenschere. Nehmen sie 2 von den abgeschnittenen Rutenteilen oder
schneiden sie von den verbliebenen, 2 Rutenstücke, um daraus die obere und untere
Rahmenstrebe zu basteln. Indem wir ein Stück oben an den Strebenenden mit
Blumendraht festnähen und ein Stück an die unteren Strebenenden.
Bohren sie auf einer Seite des Brettchen 2 und auf der gegenüberliegenden Seite
mittig ein weiteres Loch. Die Zwei Bohrungen müssen so groß sein, dass sie die
Schlüsselringe reindrehen können und sie gut im Brettchen drehen können. Durch das
andere Ende ziehen sie etwas Blumendraht oder Paketschnur für eine Schlaufe/Öse.
Nähen sie nun die Schlüsselringe an den Käfig fest, dass sie am Käfig nicht
verrutschen können und das Brettchen, zugeklappt, die Öffnung verschließt. Auf der
anderen Seite nähen sie den Knopf (sie können auch einen Haken nehmen) am Käfig
mit dem Blumendraht fest. So dass sie mit der Schlaufe über den Knopf oder Haken,
die Käfigtür verschließen können.

Sie benötigen für die Vögel noch eine Wassertränke und ein Futterspender sowie ein
Wetzstein für ihre Vogelart.
Die Maximalgröße der beiden Vögel entspricht dem des Wellensittichs.

11. <u>Futterhäuschen für Vögel im Winter</u>

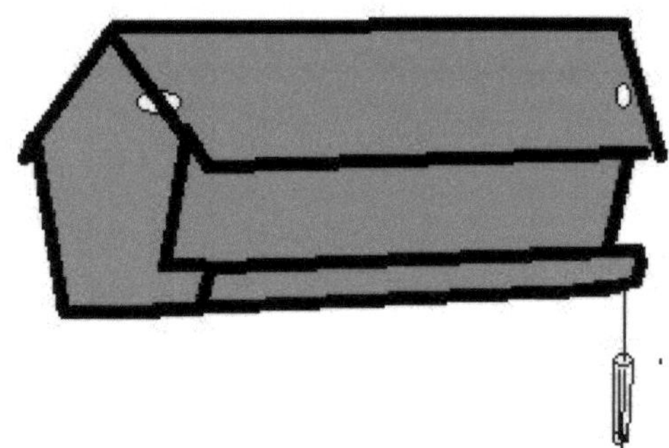

Wenn im Winter Schnee fällt, finden nicht alle Vögel genug zu essen.
Zuerst muss man sich hier überlegen, ob man es wegen der kleinen Größe aus
Sperrholz fertigt oder aus Brettchen. Wenn sie es aus Sperrholz fertigen ersetzen sie
das zusammennageln mit, mit Holzleim zusammenkleben.
Futterhäuschen hängt man auf, damit die Katze nicht die Vögel fängt.
Die Meisten haben eine Länge von 30cm, 20cm Höhe und 20cm Breite.

Materialbedarf:
3x 30x20cm Brettchen (Sperrholz/Holz)
2x 30x15cm (Dach)
2x 20cm² (Seitenwände)
1x 30x 14,5cm (Rückwand)
1x 30x12cm (Frontwand)
1x Bambus, Bastelrundholz 30cm lang
2 Scheiben Holz, Sperrholz Ø 12cm
1 Holz oder Metallring Innendurchmesser 9cm (**Rostfrei**)
6 Bambusstäbchen oder Holzstäbchen Maximum Ø 1cm
1 ca. 25cm Naturseil (Seil zum Anhängen der Meisenkugeln)
Blumendraht
2 Scharniere 2 kleine Metallwinkel 4Schrauben für die Winkel und Schrauben
entsprechend der Scharniere eine kleine Metallstange die durch die Löcher der
Winkel passt (alte Stricknadel …) 35cm lang
>19 Nägel 5-6cm lang

Werkzeuge: Laubsäge, Hammer (oder Pinsel für den Holzleim), Lineal 30cm, alte
Bastelnadel, Bohrmaschine mit einem Holzbohrer 1cm Ø, Akkuschrauber

Anfertigung der Seitenwände:

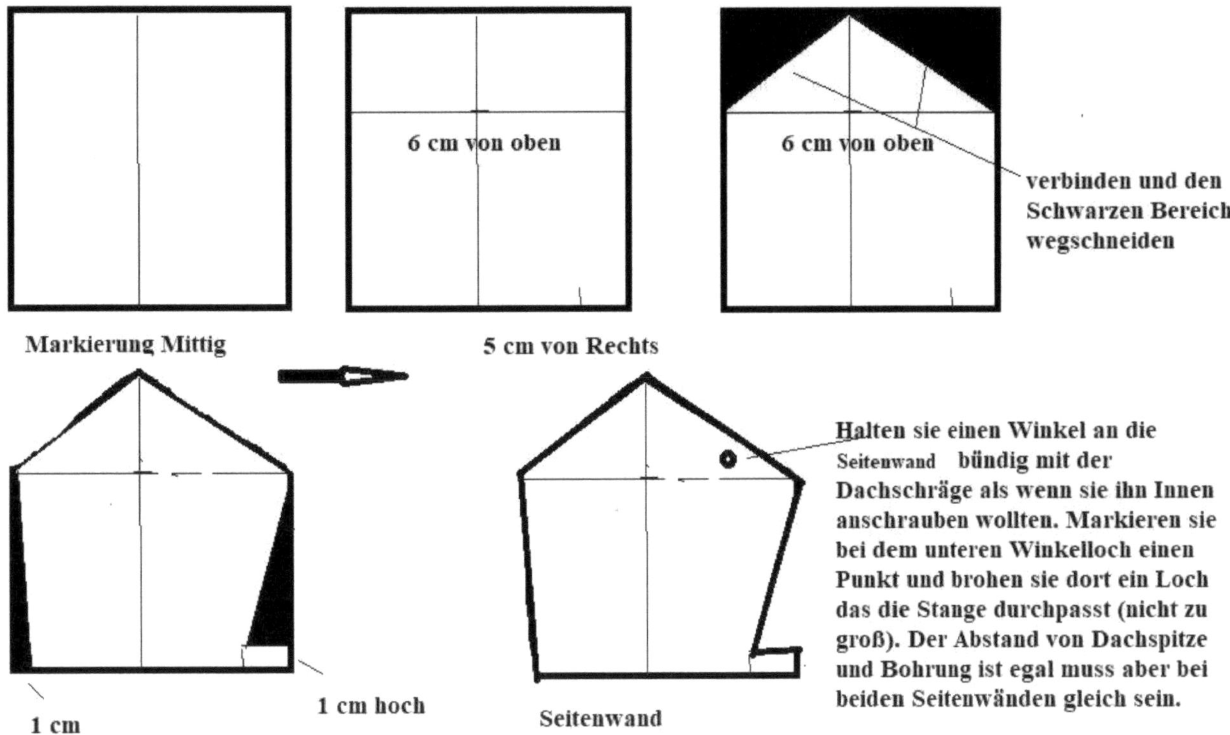

Folgen sie der Bildanleitung von rechts nach links.

Nageln oder Kleben Sie nun das Rückseitendach auf die Rück und Seitenwände. Aber
so dass das das Dach oben übersteht, in der Brettstärke der Dachbrettchen
Als Zweites den Boden annageln.
(Der Boden sollte vorn etwas überstehen.)
Nageln sie dann die Vorderwand an, oben bündig, so dass unten ein Schlitz ist, der
das Futter nachrutschen lässt.
Verbinden sie nun das andere Dachbrettchen mit dem angenagelten durch die
Scharniere (Scharniere außen). Montieren sie die beiden Winkel auf der Innenseite an
das Vorderdach, so dass sie das Vorderdach auf und zuklappen können und das
Winkelloch mit den Seitenwänden für die Stange passt.
Sie können das Vorderdach zuklappen und die Stange durchschieben. Nun kann der
Wind oder schlaue Vögel das Dach nicht öffnen und es gelangt kein Schnee oder
Regen hinein, weil keiner das Dach wieder geschlossen hat.

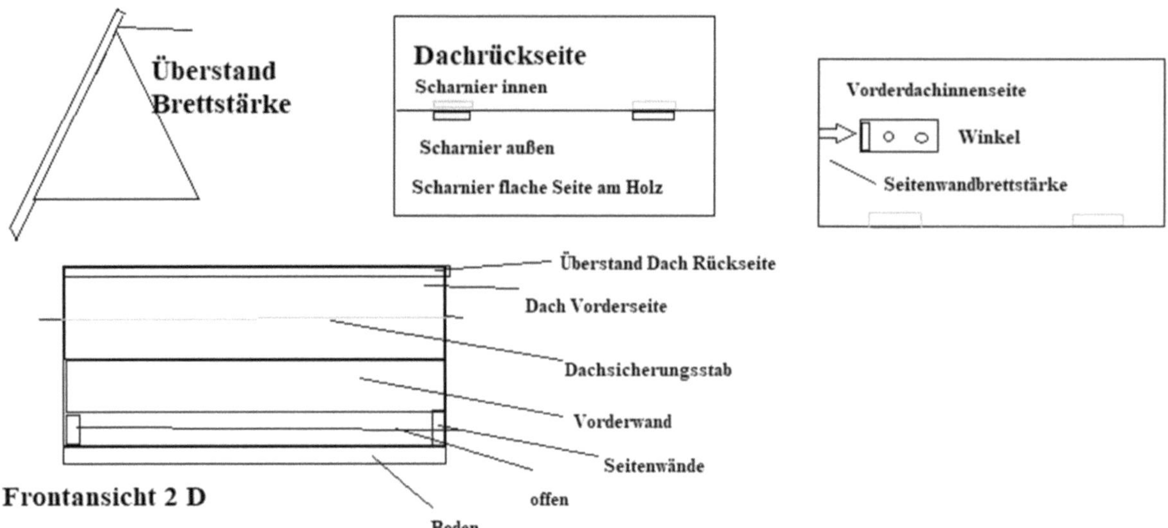

Die Meisenkugeln haben einen Durchmesser von ca. 8 cm.
Nehmen sie eine Scheibe von den Holzscheiben und bohren sie dort am Rand verteilt
6 Löcher.
Nehmen sie die Stäbe und stechen sie an den beiden Enden ein Loch, so das der
Blumendraht durchpasst. Stecken sie die Stäbe durch die Bohrungen der Scheibe, so
dass sie auf der anderen Seite den Blumendraht in die Stäbe einfädeln können und zu
einem Ring verknoten können. Ziehen sie die Stäbe zurück das der Blumendraht
dicht an der Scheibe anliegt.
Legen sie auf den anderen Stabenden den Ring auf. Wickeln sie um den Ring
Blumendraht ziehen sie den Draht durch die Stäbe (siehe Skizze).
Bohren sie nun durch die andere Scheibe 2 Löscher, sich gegenüberliegend.
Fädeln sie das Seil durch und verknoten es am Ring. So dass die obere Scheibe wie
ein Deckel fungiert der am Seil entlang auf und zugezogen werden kann.

Hängen sie die Schnur um die 30cm langen Stange und nageln sie diese am vorderen
Bodenrand an, so dass sie in der Winkelecke von einer Seitenwänd und Boden liegt.

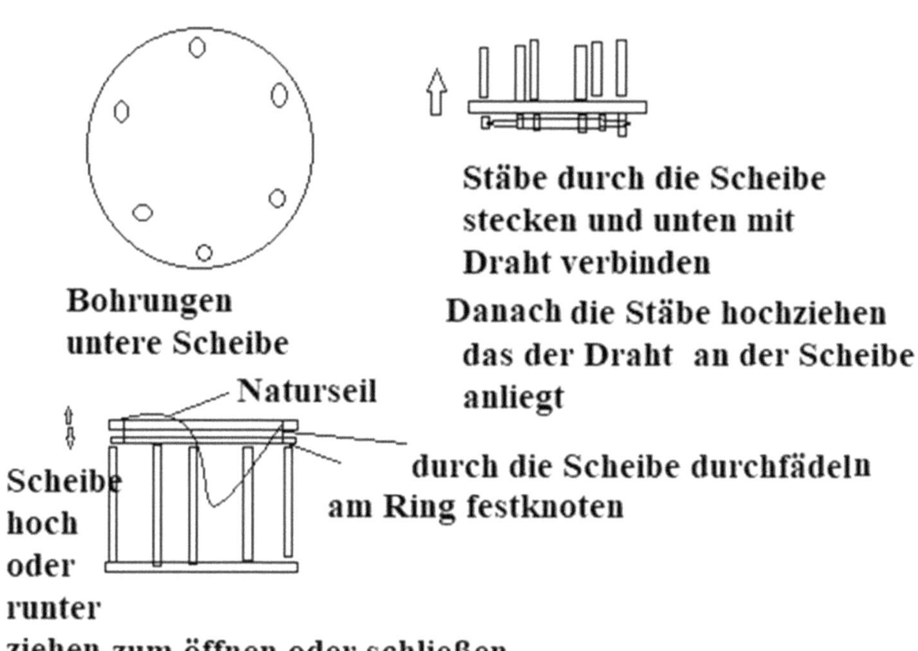

Bohrungen
untere Scheibe
Stäbe durch die Scheibe
stecken und unten mit
Draht verbinden
Danach die Stäbe hochziehen
das der Draht an der Scheibe
anliegt
Ring "annähen"
Naturseil
durch die Scheibe durchfädeln
am Ring festknoten
Scheibe
hoch
oder
runter
ziehen zum öffnen oder schließen

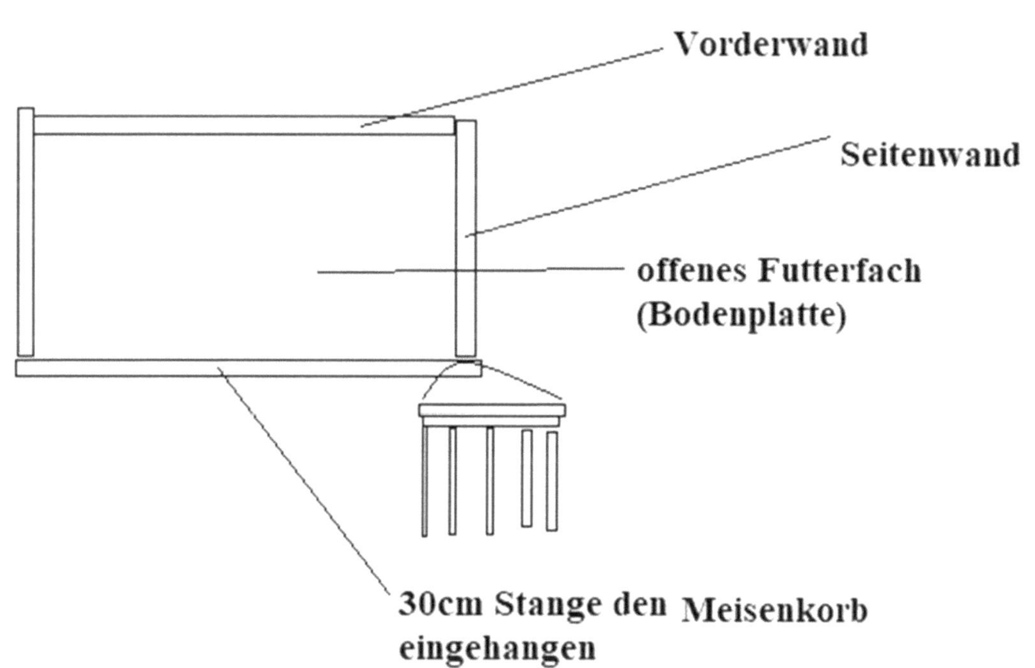

Vorderwand
Seitenwand
offenes Futterfach
(Bodenplatte)
30cm Stange den
eingehangen
Meisenkorb

12. Nistkästen/Häuschen

Nistkästen und Katzen passen nur dann zusammen, wenn die Nistkästen da
angebracht sind, wo die Katze nicht herankommt, andernfalls sind die Nistkästen
Jagdfallen der Katzen für die Vögel als Opfer.
Theoretisch sind Nistkästen, leere Kästen mit einem Loch drin, wo Vögel
durchpassen.
Na ja, nicht ganz! Wenn sie eine Holzkiste mit Brettern zunageln und ein Loch
reinbohren damit eine Amsel hineinkommt, wird sie es wahrscheinlich nicht tun.
Der Raum ist zu groß, um Brühtwarm zu halten.
Nein diese Vögel gehen nicht nach Naturschutzgesetzmindestplatzvorschrift, sie
entscheiden bei der Wohnungsbesichtigung selbst.
Manchmal bleiben Nistkästen Jahrelang leer. Nicht weil etwas mit den Kästen nicht
stimmt oder Katzen … in der Nähe sind, sondern weil es noch nicht bis zu den
suchenden Vögeln vorgedrungen ist das bei Ihnen, Kästen gegen Singen zu vermieten
sind.

Hier ein Vorschlag, bauen sie zuerst ein Futterhäuschen für den Winter und /oder
beobachten sie einfach, (also auch vor der Futterhausinstallation), welche Vögel sie
besuchen kommen.
Schauen sie im Internet die Größen dieser Vögel nach.
Die zukünftige Mutter muss auf jeden Fall durch das Loch passen. Aber eben nur
diese Vogelart, wegen Eierraub und Ähnlichem.
Es gibt Nistkästen mit und ohne Landestange vor der Öffnung.
Hier anschließend beschreibe ich den Bau eines 5cm Nistkastens.

Bedarf:
- 3 Brettstücke 5 cm²
- 1 Brettchen   5 x 4cm (Vorderseite)
- 1 Brettstück 5 cm² + 2x die Brettstärke breit (Beispiel verwenden sie Bretter
  die 1cm stark(dick) sind brauchen die dieses Bodenbrett 5 x 7 cm, bei einer
  Stärke von 2 cm muss das Brettchen 5 x 9cm sein…) als Bodenplatte
- 1 Brettstück 9 – 10cm² als Dach
- 20 Nägel 25mm lang (24 Nägel, wenn kein Scharnier)
- Ein kleines Scharnier und dafür (von der Größe her passende Holzschrauben 4
  Stk.) **Optional**

Es gibt Menschen, die sagen man muss den Nistkasten im Winter säubern, wenn alle
ausgeflogen sind. Jedoch wenn sie ein Nistkasten bauen für Vögel, die im Winter von
Ihrer Futtertheke essen, wird ein paar den Nistkasten weiter bewohnen.
In der Natur macht keiner das Nest sauber außer die Vögel selbst.
Wenn sie ein Scharnier nehmen, verschließen sie das Dach fest für die Nistzeit.

Schritt 1:
Nehmen sie 2 von den 5 cm² Brettchen und markieren sie auf einer Seite bei 1 cm

und verbinden sie diese Markierung mit der gengenüberliegenden Seite so, dass sie eine kleine Schräge markieren. (Siehe Bild).
Nehmen sie das kleine Brettchen legen sie es so vor sich das die 4cm die Höhe ist. Markieren sie mittig für eine Bohrung. Bohren sie ein Loch von 12 mm Durchmesser. Hierfür eignet sich am besten der Holzlochbohrer (siehe Bild Seite 9).
Folgen Sie weiter der Zeichnung beim Zusammennageln der Teile.
Nehmen sie bei den Seitenwänden, oben und in der Mitte einen Nagel, um sie zusammen zu nageln. Stellen sie dann die Wände auf dem Kopf und nageln den Boden bündig zur auf die Wände. Stellen sie danach den Nistkasten wieder auf die Bodenseite und nageln das Dach bündig an der Rückseite auf die Wände.
Achten sie beim Nageln wieder darauf das KEINE Nägel herausschauen mit der Spitze. Alternativ geht auch kleben mit Holzleim. In diesem Fall sollte der Holzleim nicht nur getrocknet sein, sondern auch ausgelüftet sein bevor sie den Nistkasten platzieren.
Wenn sie ein Scharnier verwenden, können sie zum Beispiel, wenn sie den Nistkasten nicht säubern, ihn vorn mit einer Holzschraube zuschrauben, so dass sie die Schraube herausschrauben können zum Säubern, aber sonst fest schließt.

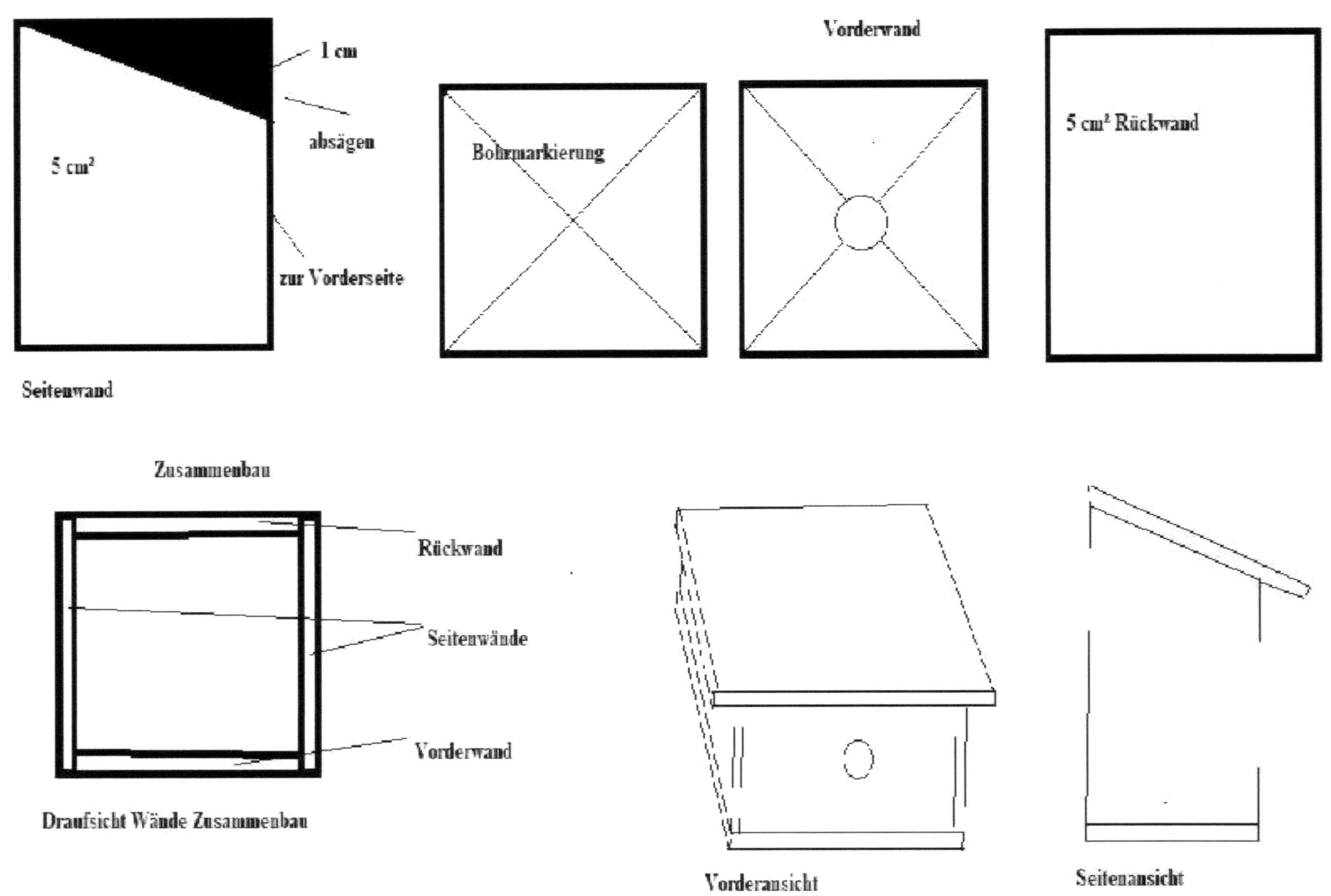

1 cm
absägen
5 cm²
zur Vorderseite
Seitenwand
Bohrmarkierung
Vorderwand
5 cm² Rückwand
Zusammenbau
Rückwand
Seitenwände
Vorderwand
Draufsicht Wände Zusammenbau
Vorderansicht
Seitenansicht

13. <u>Insektenhotel</u>

Als Insektenhotel kann man die lustigsten Formen nehmen und einfache Bauweisen. Wichtig ist allerdings das auch ein Menü vor dem Hotel serviert wird. Ein supergepflegter 1-3 cm Rasen ist hierfür ein Nullmenü. Es sind auch weniger Bienen, die ein Insektenhotel bewohnen. Eher Käfer und wenn möglich Schmetterlinge, die aber erst Raupen sind. Es sollten also wenigstens Blüten in der Nähe sein.
Es müssen keine Tulpen sein. Gurken-, Kürbis-, Kartoffelpflanzenblüten sind auch köstlich. Sowie Kirchen, Apfel oder andere Obstblüten.
Wenn sie aber zum Beispiel Thymian und Lavendel, um Obstbäume säen oder pflanzen, halten sie Ameisen und Blattläuse von den Obstbäumen fern haben aber weiter Blüten, wenn die Obstblüten sich schon zu Früchten einwickeln.
Es muss nicht immer ein Bambusrohr sein.
Nehmen sie ein Kantholzrest und bohren sie mehrere Löcher hinein.
Für Schmetterlinge geben sie Holzwolle, Stroh Schilfblätter in einem freien Platz schneiden in einer Sperrholz- oder Bastelplatte, Schlitze das die Schmetterlinge durchpassen und kleben oder nageln sie diese vor dem freien Platz mit der Holzwolle. Hier eine kleine Fotodokumentation. (Man kann natürlich die Kanthölzer alle vorher auf eine Länge schneiden, um es ästhetischer aussehen zu lassen. Ich habe darauf verzichtet, weil jede Lücke ein Insektenunterschlupf bieten kann. Zum Beispiel als wenn eine Raupe zum Schmetterling werden will.)

Die Einzelteile habe ich mit Schrauben zusammengeschraubt. Vergessen sie nicht an den Enden der Schur Knoten zu machen damit sich die Schnur nicht aufdreht.
Als Pfahl habe ich einen kleinen Zaunpfahl 1,5 Meter mit einem Erddorn verwendet. Dies lässt mich das Hotel auch umstecken können.

21 Bau und Tierhaltungsgesetz

<u>Hühnerplatzbedarf</u>
_36 cm² pro Huhn und/oder Hahn

<u>Kaninchen</u>

Für die Haltung von Zuchtkaninchen bedeutet dies:

1. Der Kaninchenstall muss je Hase eine Grundfläche von mindestens 0,6 m² hergeben
2. Zusätzlich muss pro Tier eine Nestkammer von 0,1 m² zur Verfügung stehen
3. Die Deckenhöhe der Nestkammer muss mindestens 35 cm betragen
4. Die Höhe von der Oberseite der Nestkammer bis zur Oberseite der Stalldecke muss ebenfalls mindestens 35 cm betragen
5. Es muss eine Etage mit einer Grundfläche von mindestens 0,18 m² vorhanden sein

Für die Haltung von Mastkaninchen bedeutet dies:

1. Der Kaninchenstall muss je Hase eine Grundfläche von mindestens 0,8 m² hergeben
2. Wenn eine Nestkammer vorhanden ist, muss die Höhe bis zu deren Decke mindestens 27 cm betragen
3. Der Abstand von der Oberseite der Nestkammer bis zur Stalldecke muss ebenfalls mindestens 27 cm betragen
4. Die Etage muss mindestens 0,15 m² groß sein

Empfehlungen vom Zentralverband Deutscher Rasse-Kaninchenzüchter e. V.

Der Zentralverband Deutscher Rasse-Kaninchenzüchter e. V. (ZDRK e. V.) setzt in seinem Ratgeber für den Einstieg in die Rassekaninchenzucht (zweite Auflage) die folgenden Werte an.

Mindestmaße für Einzelbuchten

- Für Zwergrassen unter 1,5 kg: 50 cm hoch, 60 cm tief, 60 cm breit
- Für Zwergrassen über 1,5 kg: 50 cm hoch, 70 cm tief, 65 cm breit
- Für kleine Rassen: 60 cm hoch, 75 cm tief, 70 cm breit
- Für mittelgroße Rassen: 60 cm hoch, 80 cm tief, 85 cm breit
- Für große Rassen: 70 cm hoch, 80 cm tief, 110 cm breit

Anforderungen für Nistkästen und Transportboxen: Diesbezüglich gibt der Zentralverband Deutscher Rasse-Kaninchenzüchter e. V. in seinem Ratgeber die folgenden Werte an:

Nistkästen

- Für Zwergrassen: 30 cm hoch, 30 cm tief, 30 cm breit
- Für kleine Rassen: 35 cm hoch, 35 cm tief, 35 cm breit
- Für mittelgroße Rassen: 40 cm hoch, 40 cm tief, 40 cm breit
- Für große Rassen: 45 cm hoch, 60 cm tief, 45 cm breit

Transportboxen

- Für Zwergrassen: 25 cm hoch, 25 cm tief, 30 cm breit (Fläche = 750 cm²)
- Für kleine Rassen: 30 cm hoch, 25 cm tief, 35 cm breit (Fläche = 875 cm²)
- Für mittelgroße Rassen: 35 cm hoch, 30 cm tief, 45 cm breit (Fläche = 1350 cm²)
- Für große Rassen: 40 cm hoch, 35 cm tief, 55 cm breit (Fläche = 1925 cm²)

Stand 2023

23 Projektplanung

Diese Projektplanung gilt für das Buch „Gartentierbehausungen aus Holz" und das Buch „Schöner Garten wohnen aus Holz" und „Holzbauprojekte für ihre Gartenpflanzen".

1. Lesen sie sich die komplette Anleitung einmal durch. Bei manchen gibt es Varianten, die im Material einen Unterschied machen. Schreiben sie sich die optionalen Zusatzmaterialien auf und die allgemeinen Materialien für ihren Einkauf.
2. Kontrollieren sie ihr Werkzeug, ob es noch in Ordnung ist und ob sie alle Werkzeuge haben, die sie für den Bau benötigen.
3. Suchen sie im Garten den geeigneten Platz und messen sie, ob dieser Platz ausreichend ist. Denken sie bei den Tierställen auch an den Auslauf, und bei den Schaukeln an den Schwenkbereich. Vogelnistkästen und/oder Futterhäuschen sollten nicht so leicht von Katzen erreicht werden können, aber doch so angebracht, dass sie diese reinigen können bzw. befüllen. Ein Insektenhotel braucht die Sonne zum Eier ausbrüten.
4. Für größere Projekte wie die Sitzecke, Hühnerstall... brauchen sie Platz, wo sie das Material erst einmal lagern und eine wetterfeste Abdeckung. Oder wenn sie das Material nicht auf einmal kaufen können, Platz um das Material zu sammeln.
5. Suchen sie sich den servicefreundlichsten Baumarkt aus – in ihrer Nähe.
   1. Kann ich alles vorab bestellen?
   2. Was kostet die Lieferung von großen Teilen (wenn sie es nicht selbst abholen können).
   3. Bekomme ich eine gute Beratung für Farb- und Schutzmittel, wenn ich dem Berater dort meine Materialliste zeige?
   4. Bekomme ich dort Nägel und Schrauben in kleinen und größeren Mengen. (Kaufen sie nicht Mengengenau, ein Nagel kann mal krumm gehen...).
   5. Wetterschutz vorbehandelte Materialien wie Bretter und Platten eignen sich meist nicht für die Innenseite von Tierbehausungen. Fragen sie da den Händler nach dem geeigneten Mitteln.
6. Kontrollieren sie nach dem Kauf der Materialien ob alle benötigten Teile vorhanden sind.
7. Behandeln sie nun alle Holzteile vor und lassen sie diese die auf der Verpackung angegebene Zeit trocknen.
8. Lesen sie sich nun noch einmal die Bauanleitung komplett durch und schauen sie auf die Skizzen und folgen der Anleitung dann in den Schritten nach.
9. Ist der Bau fertig machen sie ein Stabilitätstest einmal auf das Dach setzen. Hält alles ist es für die Hühner auch stabil genug. Setzen sie sich einmal auf die Hundehütte, drauf. Oder setzen sie sich selbst auf die Kinderschaukel. Nehmen sie die Schaukel (aufgehangen) in die Hand, Arme ganz nach oben ausgestreckt und stemmen sich mit dem vollen Gewicht an die Schaukel hängend dagegen. (Weitere Stabilitätstests in den Anleitungen.)

Quellen: https://de.wikipedia.org/wiki/Edelholz
https://www.bundestag.de/resource/blob/928356/57ef755d70de0771c5650496271983
80/WD-5-150-22-pdf-data.pdf
https://www.provieh.de/2016/04/gesetzliche-vorgaben-fuer-die-huehnerhaltung-im-
eigenen-garten/
https://www.huehner-haltung.de/wissen/hintergrundwissen/gesetze/
https://kaninchenwiese.de/haltung/hintergruende/mindestmasse-2/
https://www.kaninchen-haltung.com/kaninchenstall/vorschriften-kaninchenstall-und-
kaninchenhaltung/
https://www.fuenftepfote.de/hundehuette-outdoor/hundehuette-groesse-berechnen/

Die Projektanleitungen sind nicht dafür, weil man diese Sachen nicht fertig kaufen
kann, sondern für die Menschen, die sich freuen auch etwas selbst gemacht zu haben.
Und vielleicht wird der Eine oder Andere, nach dem er hieraus etwas gebaut hat, so
manches in Richtung seines eigenen Geschmackes umgestalten.
Es fördert vielleicht den einen oder andren Baumarkt, weil sie dort ihr Material
kaufen, als Konkurrenz zur Industrie sehe ich dieses Buch jedoch nicht.
Hier muss das Bauen und Basteln Spaß machen. Wer keinen Spaß in so etwas findet,
findet alle diese Sachen auch in die Tiermärkten und Bauhäusern.
Es ist aber auch zum Teil, so dass die, die gut – Geld haben, sich aber nicht die Zeit
nehmen wollen, es nach Maß anfertigen lassen, vielleicht von Ihnen nach diesem
Buch.

Hinweis!!! Nach Information des Bauamtes meines Wohnortes, obliegt die
Einzelreglung für feste Bauten auf einem Grundstück den örtlich zuständigen
Bauämtern in Deutschland.

Als Fachmann kann ich natürlich, auch, einen Individuell-Plan erstellen, den Sie von
mir unter AutorRaginmund@gmail.com bestellen können.

Andere Bücher von mir:

Titel	Autor*in	Medium	ISBN	Veröffentlichung
Broken Code **english**	Raginmund, -	Buch E-Book	9783743192249 9783757836184	03.04.2023
Home Terra Preta - home made black soil **english**	Raginmund	Buch E-Book	9783756231966 9783756245437	29.06.2022
Home Terra Preta - Hausmacher Schwarzerde	Raginmund	Buch E-Book	9783755734239 9783756245413	29.06.2022
Dan's Adventure in Africa **english**	Raginmund	Buch E-Book	9783837059175 9783755794363	25.02.2022
Dan's Abenteuer in Afrika	Raginmund	Buch E-Book	9783752816198 9783752817997	09.04.2018
Broken Code	Raginmund	Buch E-Book	9783738608038 9783739290218	28.05.2015

Herstellung und Verlag:
BoD - Books on Demand, Norderstedt
ISBN: 9783757817152